高等学校设计类专业教材

◎ 苟 锐 编著

设计中的

人机工程学

Ergonomics Design

U0185613

机械工业出版社
CHINA MACHINE PRESS

本书将"人机工程学"中所涉及的知识点同设计学的研究与实践有机结合，以"人机工程学"的知识理论作为基础，指导设计学领域的"人、机、环境"等设计目标的实现。本书的主要内容包括：人机工程学概论，人体测量与设计，人体生物力学与设计，人体感知与信息处理，视觉与设计，听觉、肤觉与设计，操作与设计以及人与环境。

本书可作为高等学校工业设计、产品设计等专业的必修课教材，也可作为设计学科相关专业的教材和参考书，同时还可作为设计领域从业人员、研究人员的参考书。与本教材配套的在线课程"人机工程学"已在学堂在线慕课平台上线，读者可随时访问。

图书在版编目（CIP）数据

设计中的人机工程学/苟锐编著. —北京：机械工业出版社，2019. 12
（2023. 12 重印）

高等学校设计类专业教材
ISBN 978-7-111-64232-9

Ⅰ. ①设…　Ⅱ. ①苟…　Ⅲ. ①工效学-高等学校-教材　Ⅳ. ①TB18

中国版本图书馆 CIP 数据核字（2019）第 268603 号

机械工业出版社（北京市百万庄大街22号　邮政编码100037）
策划编辑：舒　恬　责任编辑：舒　恬　王勇哲　朱琳琳　商红云　赵亚敏
责任校对：张　力　封面设计：张　静
责任印制：李　昂
北京捷迅佳彩印刷有限公司印刷
2023 年 12 月第 1 版第 7 次印刷
184mm×260mm・11 印张・1 插页・271 千字
标准书号：ISBN 978-7-111-64232-9
定价：35. 00 元

电话服务　　　　　　　　　网络服务
客服电话：010-88361066　　机 工 官 网：www.cmpbook.com
　　　　　010-88379833　　机 工 官 博：weibo. com/cmp1952
　　　　　010-68326294　　金 书 网：www.golden-book.com
封底无防伪标均为盗版　　机工教育服务网：www.cmpedu.com

→ 前 言 ←

人机工程学于 20 世纪 80 年代作为一门新兴学科被引入我国，对我国的相关领域，包括设计学的发展，起到了非常大的推动作用。在我国，设计学长期以来被认为是装饰艺术的分支，是在功能设计完成之后的视觉形式美化，这样的认识不免有其局限性。而由于人机工程学等学科的引入，使设计学的理论基础和学科外延得到了巩固与拓展，促进了设计学的大发展。

人机工程学作为一门交叉学科，所涉及的知识领域较广，不仅为设计学提供支持，还为其他学科（例如交通运输工程、机械工程、管理工程、安全工程等）提供理论支撑。对设计学课程体系而言，人机工程学是重要的基础性课程，但是一直以来人机工程学与设计学的结合度不是特别高。其成因有学科门类归属等问题的影响，也有人机工程学与设计学各自的知识点多且应用范围广泛，而造成对接方式的不确定性大，融合交叉点多等技术性问题。由于这些原因，目前设计学领域所开展的人机工程学教学普遍存在两种不同的模式：一种是纯粹的理论性、知识性讲解，突出人机工程学的科学性；另一种是用设计实践替代理论讲解，突出人机工程学的实践性。但无论哪种模式，都很难满足设计学领域人机工程学课程教学的实际需要，因为并不是将人机工程学知识点复制到设计学中就能形成两者的融合，而应该基于设计学的培养体系与教学逻辑对人机工程学的知识点进行优化整合，从而形成有鲜明设计学特色的人机工程学课程，使其更有效地为"设计学"提供理论支撑。

本书基于此理念进行编撰，并从知识、方法和设计实践三个角度系统地对人机工程学在设计中所处的地位及作用进行分析与讲解。基于人体测量、人体生物力学、人体感知与信息处理、视觉、听觉、肤觉、操作、环境、行为等知识点，结合人机分析与研究方法，利用对典型设计案例的剖析，讲述人、机、环境和设计四者的关系和作用。希望本书能够帮助读者系统地掌握人机工程学的主要知识点和方法，更加直观地了解人机工程学与设计学的关系，从学科交叉的角度并结合信息时代的特征来学习人机工程学。

与本教材配套的在线课程"人机工程学"已在学堂在线慕课平台上线，读者可随时访问。

本书由苟锐编著。在撰写过程中，马泽群、葛虹言、刘亚欣等在图和表的绘制上给予了很多帮助，在此表示感谢。

由于编著者的水平有限，加之本书所涉及的知识点较多，同时还与设计学等相关学科交叉，所以书中错误与不妥之处在所难免，敬请读者批评指正。

编著者

目　录

第 1 章

概论

1.1 人机工程学与设计

好的设计以人为本，以解决人的需求为出发点和归宿，这同样是人机工程学所致力的目标。大量的案例和事实证明，当工业设计与人机工程相辅相成时，便会产生利于人们工作、生活的好设计、好产品。随着人机工程学的发展，其涉及的领域更加宽泛，不同学科背景的研究人员进入这一领域，所以其下有了不同的分支，依据分支所研究内容的倾向又有众多不同的名称，如工效学、人因工程学、组织行为学、环境心理学、人体工程学等。从工业设计的角度看，目前人机工程学主要分了两个方面，一是关注实物产品设计，以人体测量、人体力学等为主要研究内容；二是随着信息技术的发展，特别是人工智能、大数据、物联网等的快速发展，而更多地关注人与信息的交互研究，以生理学和心理学为主要研究内容。这两个方面既有联系又有区别，如载体的形式由于技术的发展有了变化，设计实践中运用人机工程学知识点的侧重有所不同，以实体产品为基础的人机系统关注人与机的有效匹配和链接，特别是显示与控制的关系。在简单人机系统中，显示的就是机器本身的工作状态，比如各种手动工具（如锯、斧等）。而在汽车驾驶、机床操作等相对复杂的人机系统中，显示的方式除了直接显示（周边环境和设备的机械结构等），还包括通过仪表、显示器等传递的间接显示。人机系统越复杂则间接显示的内容和方式就会越多。交通信息指挥中心、发电企业中央控制室工作人员很难进行直接的设备操作，此时人机关系中的信息传递与反馈需要通过多个中间环节来实现，例如，通过中控室的操纵按键来进行远程控制。如图 1-1 所示，当行吊车操作员操作起重设备时，只能通过抓斗等的反应来对信息显示进行判断。可见，当今的人机工程不仅研究人与机的硬交互（可见的实物），而且关注人与机的软交互（信息与数据），只有将两者融合起来，才能有效地解决人机问题，并为设计实践提供支持。

1.1.1 人机工程学与设计的渊源

人机工程学在我国是一个舶来品，从 20 世纪 80 年代开始，人们的生活水平不断提高，对于产品品质的要求也越来越高，这就为人机工程学在多个领域，特别是在设计领域的发展提供了物质条件。设计以人为核心，以人为本，其与人机工程学在很多地方有交叉。在历史上，特别是 20 世纪七八十年代，甚至有学者把人机工程学与设计画上了等号。当然，从实

图 1-1　行吊车的操作状态

际情况而言，两者还是有一些各自研究的重点，研究的方法与工具也是有区别的，解决问题的手段也各有不同。但是可以发现，人机工程学与设计有非常密切的关联性。当然设计是一个大的范畴，以设计为手段解决人们在学习、工作与生活中的"人、机、环境"相关问题，为人提供更优质的服务。设计是不能脱离人机工程学的，因为人机工程学也是在研究"人、机、环境"这三者之间的系统关系，特别是研究系统中人的要素和突出人的核心地位，因此不论是产品还是环境的设计，其本质都是围绕着人展开的，是以人为核心，以人为本的。

如今，人们面临的信息与选择迅速增加，对于产品的使用效率、成本和安全等方面的要求也越来越高，但是在技术条件快速变化的同时，人自身的基础能力变化是缓慢的，特别是在互联网与信息时代，面对技术的跨越式进步，产品的快速迭代与升级，"人"这个维度的限制性被迅速放大，人们在获得技术进步带来的巨大方便的同时，也日益感到面对层出不穷的产品和功能而疲于应付。回顾人机工程学的发展历史，这样的情形也曾经有过。在工业革命伊始，蒸汽机等新技术使得生产效率成倍增长，工人的身体状态与飞速转动的机床非常不适应。而后出现了一批学者，就人与机的同步和协同的问题进行了系统的研究，著名的"泰勒制"就诞生在这一时期，这一时期也是公认的现代人机工程学诞生的时期。虽然当时的人机协同矛盾与当今的情况与条件大不相同，但本质问题是一样的，即"人、机、环境"三者的关系与协调。

设计学本身涉及多个学科的交叉与融合，某种意义上讲，设计的过程实际就是多种知识协作解决问题的流程链。这些知识包括：设计美学、结构工程、管理工程、市场营销等，不管这个链条系统中充斥的技术与知识何其多、如何变，本质上都是围绕着人这个核心展开的，并在设计中可以一定程度上用人机关系来替代与梳理，这样就更容易被理解与认知。设计是问题导向的，面对的问题也是千奇百怪，小到一根针大到航天飞机，设计师都可能面对。这是设计学的优势，也是其难处。由于多数学科都有其相对清晰和明确的基础学科为支撑，如建筑、机械、材料等学科有着相对明确的领域范围，而设计学却是各个学科交叉形成的新事物。但是作为新生事物，设计的本质与方法并不是凭空产生的，在借鉴和引用其他学科的知识、方法与技术的同时，设计学也在构建更加符合自己的基础理论体系。在融合、构建自身知识体系中，以解决人所面临的问题，减少人由于生理、心理等局限性而产生的失误，提高设计物的性能与效率，改善工作的条件与环境，提高人们的生活质量等为导向。在这个知识体系的构建过程中，始终离不开两个基础的维度：

1）设计成果的实现维度——科学与技术。

2）设计目标的产生维度——人、机、环境的协调。

设计的实现形式（如产品、环境、交互界面等）既是物质形式的建造与形成，也是社会形式的建造与构成，所以设计本身是双重本体也正是基于此，也就是说，设计学与人机工程学有着共同的宗旨，即为人解决问题，为人提供服务。当然在实际的各类设计中，显然不能将所有的问题都拆分为设计问题和人机问题，不能是设计师解决设计问题，人机工程学专家解决人机问题，更多的时候两者是融合在一起的，这也就是为什么人机工程学是每一位设计师都应该掌握的基础性理论。

不管是从设计的角度出发还是从人机工程学的角度出发，都是突出以人为本。设计与人机工程学的结合通过对产品等设计物的人机关系优化，来为人们提供功能满足。从这个层面讲，设计与人机的结合是要解决"使用"的问题，而"使用"的问题本质是设计的产品更好、更安全地被使用，即产品等必须要"好用"，而好用的东西，它显然要符合人的生理和心理的特点。

石器时代人们凿石为具（图1-2），将石头研磨成各种各样的可以使用的工具，在这个设计与制造过程中，除了考虑工具本身的功能性，如石刀、石斧等锋利的刃口外，同时还要考虑人如何去使用它，这是非常重要的。要想更好地使用这些石器，协调好人与石器间的关系是十分重要的。例如，石器和人手的关系，怎样设计石器才能让人方便地去握和用力。原始人在制作这些工具的时候，虽然完全出自非常有限的经验与本能，但是已经在考虑怎样设计才能够更方便地使用。例如，考虑便于手握的柄，考虑手与刀把的贴合性。

图1-2　石器时代的石刀

进入现代社会，生产分工越来越细，随之出现了各种各样的工具，这为人们的生活、工作带来很大的便利。在设计、生产和使用这些工具时，应充分考虑让人和工具之间有效地配合，提高工作的效率。其中涉及很多新的设计理念，如材料的选择与使用，握柄纹理的设计，以及造型便于和手贴合等（图1-3）。

从人手的角度（包括解剖等学科）来分析，不良的工具设计，可能会给人们造成伤害，如使用设计不合理的工具而造成腱鞘炎等。类似这样的问题，主要还是由于在人机关系设计过程当中考虑不周，没从人手的解剖关系、动作特点与产品的功能性协调等方面，全面地考

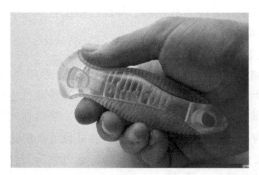

图 1-3　有良好握感的把柄

虑产品的优化设计。现在的设计越来越重视人机关系，这是一个大趋势。工具、产品都在不断地发展，从石器工具到如今的智能手机，虽然已经发生了巨变，但这些产品作为人体外化"功能"的实现方式，其人机关系也在发生变化。例如，相对于锤子、手锯，智能手持工具不仅要考虑到人手的解剖关系，而且还要考虑到人的心理和认知的特点与能力。如图 1-4 所示为鼠标的握姿。图 1-5 所示为根据人体解剖特点改良的鼠标设计。

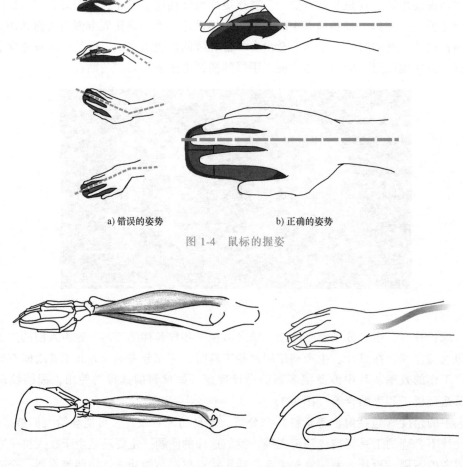

a) 错误的姿势　　　　　　　　　　b) 正确的姿势

图 1-4　鼠标的握姿

图 1-5　根据人体解剖特点改良的鼠标设计

1.1.2 人机设计的价值

人机设计带来的性能提升具有高价值的同时也存在"隐性价值"（不同于产品等性能指标明确的功能设计，其价值体现的过程缓慢）和对现有行为方式的调整（行为惰性是人的本能，要对传统的人机关系进行调整势必涉及对熟悉行为的改变，这是人们所较难接受的），这是人机设计推广过程中最大的障碍之一。尽管如此，人机设计价值的累积效应远大于其阻力。以企事业单位运行为例，人机设计能够减少安全事故发生的频率，减少职业伤害事故和职业病，提高产量和生产效率。根据美国波音飞机公司、克莱斯勒汽车公司的报告，其用于员工健康的费用超过了制造产品用的主要原材料铝、钢等的成本。这促使他们通过实施人机系统设计项目来进行成本管理，并切实发挥了作用。可见人机设计在企事业单位运行中的合理有效使用能够减少运营成本。

美国佛蒙特大学的研究人员曾就人机系统设计与成本控制进行研究，提出了基于人机设计与成本投入平衡的优先性原则：

1）当严重威胁到工作人员的健康，或者系统的可靠性不强，抑或是与法规抵触时应立即进行改进。

2）当前的人机系统虽然不会造成直接的伤害事故，但是工作人员却不满意，应尽快进行调整。

3）流水线作业时，生产线的关停成本很高，同时人机系统并未形成直接伤害时，可以考虑在流水线正常检修时进行人机系统设计改良。

4）人机系统设计改良的成本在可接受的范围内时进行改进。

5）新建或新购设备时应该将人机设计要素考虑在其中。

固特异轮胎公司在对生产车间进行人机系统设计之前，每年的生产事故率维持在 4% ~ 5% 之间，但是在实施人机系统设计后，生产车间的事故率降到了 1% 以内。在事故率降低的同时，由于人机设计的有效介入（如合理的设备、零件放置位置，减少走动和手臂活动范围）降低了劳动强度，生产率提高了 60%。

1.2 人机工程学的命名

1.2.1 学科的命名

人机工程学的研究和应用范围很广，涉及的学科和领域也较多，不同领域的专家和学者都试图从自身的角度给本学科一个命名世界上不同国家对于人机工程学有着不尽相同的命名，即便是在同一个国家，对人机工程学的名称和提法也并不一定统一。例如，在美国很多人把它称为人机工程也就是 Human-Machine Engineering，也有人把它称为人因工程，即 Human Factor Engineering。其比较通用的称谓是人类工效学，即 Ergonomics。Ergonomics 是个专用名词，是专门针对人机工程学发明的，当然它准确的翻译是人类工效学。Ergonomics 是由希腊的词根 ergon（工作和劳动的意思），以及 nomos（规律和规则）复合而成的，其本意是劳动规律的意思。

我国人机工程学的起步相对较晚，目前这个学科在我国的名称也并不统一，但是比较普遍采用人机工程学这个称谓，这与最早研究这个学科的一批国内学者采用这个名称有关。除此以外，还有其他的一些称谓，如人机环境系统工程、安全人机工程、人体工程学、人类工效学、人类工程学、工程心理学、宜人学、人的因素学等。采用不同的名称除了与翻译的差异有关以外，和研究的重点不同也有关系。例如，在交通工程等研究领域更普遍使用安全人机工程这个称谓；在建筑与室内等研究领域，人体工程学的叫法则更多；而在工业工程等领域则更多地称为工程心理学；在设计领域，特别是工业设计、产品设计领域，人机工程学这个名称被普遍接受。

在国际上，现在比较通用的称谓主要有两个：一个是人类工效学（Ergonomics），另外一个是人因工程学（Human Factors）。什么情况下称为人类工效学？什么情况下称为人因工程学？有学者称在北美地区普遍称为人因工程学，在西欧普遍称为人类工效学。也有学者从内容上来分，他们认为人类工效学通常是指人和物理环境的一种关系，而人因工程学多指人的心理适应和外部的组织关系问题，由此来区分什么情况下用人类工效学，什么情况下用人因工程学。但是实际上这两者无论是涉及人与物理的环境，还是人与心理的适应，以及外部组织的关系等问题，其实都需要联系起来进行研究，不可能简单地分离开来。事实上，这两个名称在很多时候是可以互换的，也就是称为人类工效学，还是人因工程学都是可以的。总而言之，人机工程学由于它自身学科的交叉性和学科领域研究的重点不同，它有很多不同的称谓。

由于历史和学科等原因，在我国设计领域普遍采用人机工程学的称谓。

1.2.2 人机工程学的定义

与人机工程学的称谓较多的情况类似，人机工程学的定义也有不少，这与其交叉学科的特点关系密切。许多学者和专家都从各自研究的领域和学科专业特点出发对人机工程学有侧重地进行定义。

1）莫雷尔对人机工程学的定义：人机工程学是研究人与工作环境关系的科学。

莫雷尔是英国人机发展史上一个非常重要的人物。1949年他在英国海事会议上首次引入了Ergonomics这个称谓。当然这个词并不是莫雷尔发明的，但是他在这次会议上对这个词的引用，促使世界上第一个人类工效学学会的诞生。

他对人机工程学的定义非常简单，主要是出自于他研究的领域。他长期关注在工作中使用不良设计而引起的"任务"和"人"的不匹配问题。

2）沙克尔对人机工程学的定义：人机工程学是基于解剖学、生理学、心理学等知识，来研究人和职业、设备以及环境的关系问题。

沙克尔的定义相对于莫雷尔要相对进步一些。因为他提到了更系统的知识：解剖学、生理学、心理学等。

3）美国的学者伍德对人机工程学的定义：人机工程学是指设备、设计要符合人的各方面的因素，以便人们在操作的过程中，以最小的代价来获取最高的效率。

4）伍德森对人机工程学的定义：人机工程学是基于知觉、显示、操作控制，以及人机系统的设计与布置，乃至对作业系统的综合性条件等，进行有效的设计和深入的研究，优化人与机器之间相互关系的设计方案，从而获取更高的效率和得到更好的安全环境，以及满足人的舒适性等问题。

5）国际人类工效学学会（IEA）最近的定义。除了这些定义以外，还有很多对于人机工程学的定义。这些定义表述各有不同，但实质问题基本一致，核心都是对于"人"的安全、舒适、方便和效率等问题的关注。我们在这里采用 IEA 对人机工程学的定义：人机工程学是一门科学，它考虑的是系统中人与其他元素的关系，并通过理论、原则、数据和方法来优化人在整个系统中的地位和作用，并促进系统的效率。同时，包括设计师在内的实践应用人员，通过应用人机工程学的理论和知识来实现任务、工作、产品、环境和系统的兼容性，使它们与人的关系更为和谐。

这个定义比较全面和系统，概括地讲：人机工程学是基于人的需求、能力和限制性来实现物和人的和谐关系。

因为人们的需求各不相同，在不同的条件下，不同的环境中，人的能力有高低之别，同时，人的生理和心理等方面是有限制性的，所以需要根据不同条件、不同情况来进行系统的分析、研究和设计。

1.3　人机工程学的知识构成体系

1.3.1　人机工程学的主要研究内容

1. 生理人机工程

生理人机工程主要包含解剖、测量、生理、人体生物力学等。这些都与人的身体有关，如人体在工作和生活中的姿势。

例如，重复运动就是其中需要研究的重要问题之一，我们知道重复运动过程容易对人体造成伤害，但是什么样的重复运动，以什么样的方式重复，这就需要通过解剖学和人体的生理机制等来进行研究。又如，肌骨失常等问题，肌骨失常是职业病中比较常见的情况。人们经常出现的腰背部不适、疼痛等情况与工作时身体的姿势等有关，驾驶员就普遍存在颈椎、腰椎的问题，这与驾驶时的姿势密切相关。系统地研究工作环境中的人机关系问题，对座椅的人机设计、驾驶方式的设计以及环境的设计进行充分的考虑，能够在一定程度上缓解驾驶员肌骨失常的问题。通过生理人机工程可以研究解决人在工作、生活中与身体相关的安全性和健康性的人机问题。

2. 认知人机工程

认知人机工程主要从人的认知能力与过程来研究相关的人机问题。例如，研究人的感觉、知觉、记忆、思考、判断、决定等，以及认知过程与人机系统中其他要素的关系。认知人机工程同时研究减轻人在认知过程当中的负荷，优化认知与外部条件的匹配，并帮助人做出更优的判断和决策以及高效和准确的行为反应与执行。除此以外，认知人机工程还研究优化人机交互的问题，帮助提高人机系统中人的可靠性以及舒缓人的紧张状态。

3. 组织人机工程

组织人机工程用于优化社会系统的组织结构，如政策、程序、交流方式、人员管理以及参与共享等问题。行为的范例、虚拟组织、网络管理与质量管理等通过组织管理来实现更高的效率，保证人的健康、安全和舒适。

从内容的角度来讲，人机工程学大致分成这三大部分。从知识角度来讲，人机工程学作为一门交叉学科，涵盖了大量的其他学科领域知识，包括数学、物理学、生理学、心理学等。

从应用的角度来讲它又包含了工程学、制造学、医学等。

1.3.2 人机工程学的学科知识构成

1. 主体

人机工程学的主体构成学科包括：数理科学、物理化学科学、生物与生物学、社会与行为科学。

在这四大方面下面又分为统计学、物理学、化学、解剖学、生理学、人类学、心理学和社会学等。如物理学涉及的声音、温度等；化学涉及的生物化学、生物物理学等；解剖学涉及的人体运动学；生理学涉及的职业生理学和功能形态学；人类学涉及的人类体格学；心理学涉及的工业心理学；社会学涉及的工业社会学等。当然这些学科对于设计而言并不是要面面俱到。对于这些学科知识，在人机工程学的学习和研究过程中，不可能全部了解。人机工程学的重点是研究人机工程学和设计直接关联性的知识内容。

2. 人机工程学和设计相关的知识

人机工程学和设计相关的知识主要涉及以下两个领域：

1）感知与信息处理。感知与信息处理涉及认知心理学、格式塔心理学、行为心理学等。

2）操作与控制。操作与控制涉及人体运动学、人体测量学、人体生物力学和安全工程学。

尽管将关注面缩小到这两大领域，但其中所包含的知识量也是巨大的，在人机与设计中，不可能把所有的知识点都涉及。其重点是突出人机与设计的关联。那么什么是人机与设计的关联呢？从设计的角度而言，人和机的关系是基于有效的设计让人的能力与机的特点匹配，从而形成和谐的人机互动关系。通过操作来实现人的意识，达成目标，这就是一个人和机的关系。其中还会涉及环境问题，一般将环境分为小环境和大环境。小环境主要是指生活环境、工作环境，如振动、噪声、通风、光线、温度、湿度等。大环境是指自然环境与人文环境等。

由此可见，人机工程学是研究"人、机、环境"这三个要素之间的关系的科学。在人、机、环境系统（图1-6）中，无论是对人的研究、对机的研究还是对环境的研究，都要突出"人的核心地位"，满足人的安全的需要、健康的需要、舒适的需要和效率的需要。

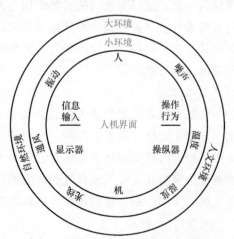

图1-6 人、机、环境系统

3. 设计学中人机工程研究的主要内容

1）身体的结构、姿态和运动。人体的坐、站、举、推、拉等行为和身体结构、人体测量、人体姿态有关系，而身体结构、姿态和运动又直接决定着行为结果的有效性和安全性等问题。

2）信息处理。信息处理在设计领域有很多需要研究的地方，其中主要涉及信息与控制，即信息的输入和信息的反馈。其中从设计学的角度出发，所要研究的主要人机问题是人的认知问题。

3）组织与管理。通过有效的组织与管理来激发人们工作的热情是管理学中重要的内容。这在设计领域也是非常重要的。因为组织工作都需要通过特定的设备和产品来实现，在工程管理的过程中，除了管理也需要特定的产品，特定的机、物来配合，并不能简单地把它剥离开来。不能说组织管理不是人机工程学所要研究的内容，事实上很多时候都会涉及。人机工程学通过对人机关系的研究是能够帮助产品在实际运行中提高效率的。

4）环境要素。环境要素分为两大部分：大环境与小环境。

① 大环境。大环境是指人文环境和自然环境。

② 小环境。小环境是指生活环境和工作环境。

人机工程学中涉及最多的是小环境问题，如噪声的问题、振动的问题、光照的问题、气候的问题、温度的问题、湿度的问题以及化学、物理、物质影响的问题，这些问题在整个人机系统中直接对人产生影响。例如，噪声对阅读过程会有很大的影响。又如，振动对人体的肌骨有很大的伤害，长时间使用电钻、电锤产生的振动对人体的负面影响明显；职业驾驶员长时间驾驶车辆的振动对其身体健康影响巨大。

这四个方面需要系统地整合起来研究，不能单独地割裂开来。当然知识点的学习过程是可以逐步进行和深入的。

综上所述，可以发现人机工程学是典型的交叉学科，且涉及的内容较多。在涉及的领域中人机工程学主要探讨人机和设计的关系问题，也就是"人、机、环境与设计"的系统性关系。正如著名的学者桑德斯和麦考米克对人机工程学的简单概括：人机工程学是在探讨为人提供优质的设计。

1.3.3　人机工程学是系统工程

无论是工业设计还是人机工程学根本上都属于系统学科。人机工程学的重要奠基人泰勒（Frederick Winslow Taylor）在他1911年出版的《科学管理原理》一书中提到"在过去，人是第一位的；在未来，系统是第一位的"。

人机系统设计至少包含以下内容：

1）用户关系界面设计更加方便使用和减少失误，并实现人与机的协调性。

2）对人的行为内容的合理安排与设计，从而实现其更符合人的生理和心理特点到达安全、高效的目标。

3）对工作内容按照更加适合人的行为习惯的方式进行设计，使其与人的能力匹配。

4）对工作、生活的环境进行优化设计，增加环境的舒适性和安全性，促进人、机、环境的协调、兼容。

5）人机信息交互设计的重点是保障信息在人与机之间准确交流的同时减少人的信息处理和记忆量。人在1s内对信息的处理能力为7bit左右，冗长的信息势必增加人的认知负荷从而增加错误率。

设计中的人机工程学

6）操作性人机设计的重点是保障操作安全的同时减小操作的力度和幅度而减小人的劳动强度。

7）通过对噪声、振动、光线、温度、湿度、通风等环境要素的优化，以及按照人的认知习惯和特点进行设计是环境与人有效匹配的关键。

8）对工作任务（行为内容）的合理安排，按照人的行为特征和节奏进行设计，可以有效地减小心理负荷和体力透支。

频繁出现的行为失误、工伤、低效率等问题多是由于人机系统设计不合理所引发的。从根本上减少此类问题要靠人、机、环境的协调发展，单靠对人加强管理并不能取得长效作用。

人是人机系统中核心的一环，在进行人机系统研究和设计的过程中应该将"人"的需求置于起始端，而不是放在"机"的功能设计完成之后。但在设计实践中，人们习惯将人的需求放在最后环节，这种现象是诸多原因导致的，最主要的是技术条件的限制。例如，工业革命时期人们已经开始考虑人机关系问题，但在当时的技术条件下还很难将人置于所有条件之首。随着从农业社会到工业社会再到信息社会的不断发展和转型，技术障碍越来越小，促使产品系统中对人的需求更加关注。

1.3.4 人、机、环境的相互关系

人机系统是由三对关系子系统构成的，即人与机、人与环境、机与环境。三个子系统包括六个影响子系统：人对机的影响、人对环境的影响、机对人的影响、机对环境的影响、环境对人的影响、环境对机的影响，见表1-1。这六个子系统有自己的功能边界和范围，同时它们之间又紧密联系。人对机的影响必然会传递到机对环境的影响，而机对环境的影响终究会作用到人。

表 1-1 人机系统子系统

影响子系统	影响方式	评价内容及工具
人对机	操作、操控	人体测量尺寸及身体活动范围、人体生物力学、生理评测、心理评测
人对环境	热、噪声、二氧化碳等排放	环境监测指标
机对人	信息反馈	人体测量尺寸及身体活动范围、认知评测、机的反馈信息状态监测
机对环境	热、噪声、二氧化碳等排放	环境监测指标
环境对人	自然、人文要素对人行为和心理的影响	环境监测指标、生理评测、心理评测
环境对机	对机的物理性能的影响	环境监测指标、机的状态监测

人对机的影响方式为操作、操控，即人们通过各种行为（如推、拉、提、拔、按、压、旋等）来控制产品、机器设备的工作状态。好的设计能够有效地减小人的操作强度，提高

操作效率和准确性。人对环境的影响来自工作、生活中人对环境的改造等，以及由此产生的各种废物，另外人除了对自然环境产生影响外，还对社会环境产生影响，主要涉及社会行为和组织行为等内容。机对人的影响主要通过各种反馈机制（如显示器、振动和温度等）传递产品、设备的工作和性能状态。机对环境的影响取决于各类产品设备的物理性能和能源消耗水平。环境对人的影响的方式多样，自然环境对人的影响主要通过温度、湿度、光线、气候等对人产生生理、心理影响。环境对机的影响主要是自然环境对设备的性能的影响。

从复杂人机系统的角度思考，影响因素会更多，因为人、机和环境均可以划分为个体人、群体、单一设备、集成设备、小环境、大环境，其相互关系和影响方式复杂多样，至少形成21个影响模型。人机系统相互影响矩阵关系见表1-2。

表 1-2 人机系统相互影响矩阵关系

		人		机		环境	
		个体	群体	单一设备	集成设备	小环境	大环境
人	个体	■					
	群体	■	■				
机	单一设备	■	■	■			
	集成设备	■	■	■	■		
环境	小环境	■	■	■	■	■	
	大环境	■	■	■	■	■	■

1.3.5 人机系统设计

1. 人机系统设计之初应提的问题

1）机的部分是否能用、易用和安全？

2）行为内容（工作任务）是否符合人的预期、生理心理条件和技能水平？

3）外部环境是否舒适和适合行为内容？

2. 人机系统结构模型

人机系统中，人体的感觉系统（一般指视觉、听觉、嗅觉、味觉、触觉等外感，也包括运动感、平衡感等内感）、信息处理系统和反应系统（一般指四肢、语言等）与机的显示系统和控制系统对应关联。同时年龄、教育、健康、动机、任务强度以及工作、生活、自然和社会环境均会对人的行为能力产生影响。人机系统模型，如图1-7所示。

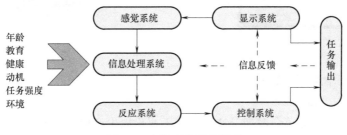

图 1-7 人机系统结构模型

注：——表示必然连接关系；---表示可能连接关系

3. 人机设计的流程

当人们使用各种仪器设备时，通过人机界面接口（如显示屏、把手、方向盘、键盘等）来实现人与机的互动交互，因此从宏观方面讲，人机工程学专注的就是人与机和环境的界面关系研究，这里的界面不等同于狭义的 UI 界面设计，它包括所有连接人与机和环境的中间环节。所以，人机设计的主体在人机界面，重点是人机

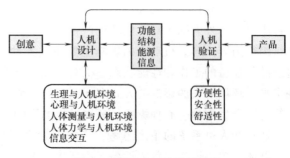

图 1-8　产品人机设计流程图

界面在人机交互过程中的安全性、方便性和舒适性。产品人机设计流程图如图 1-8 所示。

1.4　人机工程学的发展历程

人机工程学作为一门系统的学科，其发展历程并不长。1700 年意大利人贝纳迪诺（图 1-9）写过一本书叫《工人的疾病》，这是首次对职业性疾病进行阐述的专业书籍。从那时候开始，人们开始较系统地关注人的健康问题，注意工作和生活当中人、机、环境的关系问题。1949 年，世界上第一个人类工效学学会——英国人类工效学学会正式成立，这对于人机工程学的发展是标志性事件。

Ergonomics（人类工效学）这个词是波兰人亚斯特色波夫斯基（图 1-10）发明的。1857 年，他将希腊语中工作和劳动的词根 ergon 与规律和规则的词根 nomos 结合成专业称谓——Ergonomics（人类工效学）。亚斯特色波夫斯基是人类工效学的最早提出者，因此有人将他称为"人类工效学之父"。

图 1-9　贝纳迪诺

图 1-10　亚斯特色波夫斯基

现代人机工程学经历了如下几个阶段：

1. 第一阶段

第一阶段开始于工业革命时期。这一时期工业化大生产取代传统手工业生产。工业革命带来了极大的生产效率，但同时也产生了一些新问题。高效的设施设备和手工业工具不同，机械设备的效率与速度远超过人的能力，设备与人的效率之间不匹配。这在当时是既影响工

人健康，又影响生产效率的一个大问题。科学家和管理者提出了一些新的理论，其中泰勒（图 1-11）提出了最出名的科学管理理论。泰勒认为企业管理的根本目的在于提高劳动生产率，所以劳动管理或者说科学管理，如同节省劳动的机器一样，其目的是要提高每一个单元的生产效率。这里所谈到的提高劳动生产率的目的本质是为了增加企业的

图 1-11　泰勒

利润。泰勒科学管理的主要特点是要从每一位工人抓起，从每一件生产工具着手，从每一道生产工序开始研究，设计出最佳的工位，最合理的劳动定额和标准化的操作方式来达到生产效率的最大化。他有一句话叫"one best way"（最好的方法），他认为所有的生产管理过程中，总能够找到一个最优和最佳的方法，能够将各种要素最好、最科学地融合在一起。

泰勒有个非常著名的试验——铁锹试验（图 1-12）。工业大生产时期，由于广泛的使用蒸汽机，大量的修筑各类建筑，很多物料，如沙、灰、石、煤、矿石等需要工人用铁锹铲运，怎样能够提高工人使用铁锹的效率呢？这是一个直接影响到生产效率的大问题。泰勒在当时做了很多相关的试验，他让工人在单位时间里使用不同装量的铁锹（10kg、20kg、7.5kg、5kg）进行工作，以此来发现哪种铁锹具有最高的效率。他还在一些工厂里面设置了专门的工具室，存有 10 种不同的铲子供工人在不同的工况和作业条件下使用。他的这一套理论被称为泰勒制。

图 1-12　铁锹试验

泰勒制是奠定现代人机工程学的一个基础，当然泰勒制也有一些缺陷，因为泰勒的理论前提是把人看作是经济的人，看作管理的对象，他们是由于利益的驱动来提高生产效率的。所以在这个过程中特别注重科学性和纪律性，较少地考虑到人的能力和需要，这在很大程度上是研究人的能力极限去适应机器的运作效率的问题。泰勒制虽然有局限性，但是在当时的条件下还是很进步的，最重要的是它奠定了现代人机工程学发展的基础。

另外两位科学家吉尔布雷斯夫妇（图 1-13），也做了许多相关的研究。他们在时间研究（通常把泰勒所做的研究称为时间研究）的基础之上进行动作研究。他们所进行的动作研究分析，其目的是为了提高作业效率和减少作业疲劳。1900 年左右，高速的连拍照相机出现，

设计中的人机工程学

他们使用这种相机将人在作业过程中的动作拍摄和
记录下来，然后把这些动作根据其作用和性质进行
分类。

吉尔布雷斯夫妇曾经做过一个著名的试验——
砌砖试验。他们用照相机把砌砖工人所有的砌砖动
作记录下来，发现工人每完成一次砌砖任务大概需
要 18 个动作，并将这 18 个动作分为三类：

1）必要动作。

2）辅助动作。

图 1-13　吉尔布雷斯夫妇

3）多余动作。

然后通过强化必要动作，调整辅助动作，减少多余动作，对砌砖任务中的动作进行重
构，最终将 18 个动作调整为 4.5 个动作，极大地提高了生产效率。

后来有学者将泰勒的时间研究和吉尔布雷斯夫妇的动作研究合称为"时间与动作的研
究"，这在人机工程学的发展史上是非常重要的，直到现在很多研究依然脱离不开时间与动
作的分析。当然泰勒认为，他所进行的时间研究其实是包含动作研究的。他认为动作研究是
时间研究的次级层面上的内容。在这一时期，人机工程学所研究的重点是怎样去选择和培训
作业中的操作者，让人能够适应高速运转的机器和设备，从而达到提高生产效率的目的。虽
然以当下的视野去看，这不够人性化，但是在当时特定的历史条件下这依然是进步的。更重
要的是，泰勒、吉尔布雷斯夫妇以及这一时期的其他学者开创了用科学的方法来研究人、
机、环境的问题。

2. 第二阶段

第二阶段是第二次世界大战后到 20 世纪中后叶，这一时期人们所从事的劳动任务的复
杂程度以及负荷量都发生了很大的变化，仅通过对工人的管理和培训已经不能达到像既往一
样的人机匹配。所以在这一时期人机工程学的研究重点开始转向对物和环境的系统性研究，
尽量地让外部环境去适应人的特性。通常认为第二次世界大战以后人机工程学进入了发展的
第二个阶段。当然有很多要素和第二次世界大战过程中出现的一些人机关系问题有关。例
如，战斗机由于人机界面设计漏洞导致人机协调性差而出现坠毁的情况，很多科学家在研究
这一问题时发现，第二次世界大战时期飞机的驾驶界面相对比较简单（图 1-14），有些仪表
盘承载多个不同的数据，如飞机的高度、速度等显示数据可能出现在一个仪表盘中，当飞行
员在高度紧张的情况下就可能出现误读的情况，一旦出现这样的误读，后果是非常严重的。

图 1-14　第二次世界大战时的飞机驾驶舱

现在的飞机驾驶界面设计看上去很复杂，包含了很多不同的仪表和操作设备，其中部分原因是吸取了以往人机界面设计过度集约化所带来的人机问题的教训。

第二次世界大战后，在飞机界面设计中设计人员开始系统考虑人机界面的优化设计，这不仅仅涉及仪表盘的设计，美国的人机工程学专家还根据人的认知和行为特点设计了一整套飞机的操纵杆，不同功能的操纵杆采用不同的形状，帮助驾驶员在盲操作时不会出现失误。除此以外，还有很多学者介入到人机设计与研究中来，有代表性的人物为保罗·费兹，他提出了"费兹法则"，如图 1-15 所示。

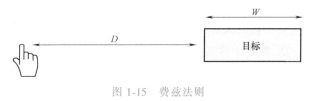

图 1-15　费兹法则

费兹法则是预测某点到目标中心位置所需要的时间的教学模型。例如，飞行员在操作时，手触及驾驶操纵杆的过程，怎样能够迅速准确这是非常关键的。

1）费兹法则包含两部分内容：

① 大幅度地移动。当行动开始时，身体开始大幅度移动并接近目标，此时行为的目的是确定行动方位和快速缩小手与操作目标的距离。

② 相对缓慢细微地调整来定位目标的中心。即当身体已经接近操作目标时，进行更加细微的身体和行为调整来精确定位。

2）费兹法则中有两个关键要素：

① 手离操作物体的距离。

② 被操作体的大小。

操作距离越短，手的移动速度和效率就会越高，操作目标的体积越大，发生操作失误的可能性也就越小。

由此可见，这一时期很多学者不仅从心理学的角度进行研究，而且已经涉及生理和工程技术多个学科领域，人机工程学走向了真正意义上的学科交叉。

第二阶段人机工程学主要研究以下四方面的内容：

① 人体生物力学研究。

② 人体姿态研究。

③ 人体生理机制研究。

④ 人体感知负荷研究。

该阶段和第一阶段研究的不同是它力求让机器去适应人的能力。

3. 第三阶段

第三阶段是 20 世纪中后叶至今，由于更复杂的人机关系和生产协作关系的出现，如航空航天技术的大发展，新能源技术（如核电站）的快速发展，技术更复杂，系统更庞大，与人的能力间的鸿沟更大，人、机、环境间的有机协调成为其顺利运行的关键之一。人机工程学在产业中发挥的作用也日益突出。当然学科的发展往往与一些重大事件联系在一起。对人机工程学发展起到推动作用的重大事件，例如，工业革命带来的机器生产与工人的效率不匹配。又如，第二次世界大战期间武器与士兵的人机不匹配。三里岛核电站（图 1-16）事故对于人机工程学的发展也起到了很大的作用。三里岛核事故的发生很大程度上与核电站中控室的人机界面设计不合理有关。该事故由冷水阀的故障引起，但由于中控室的人机界面设

设计中的人机工程学

计不合理，导致工作人员在短时间里很难判断发生事故的具体位置。这次事故发生以后人们进行反思，并认识到人机设计在系统工程中的重要作用。这个事件推动了人机工程学向着系统工程的方向快速发展。

第三阶段人机工程学有以下三个特点：

① 着眼于设备的设计不超过人的能力界限。

② 密切与实际应用结合，严密地制订计划来进行实验研究。

图 1-16　三里岛核电站

③ 各个学科的协作与交叉，学科的系统性特点更加突出。

由此可见，要提高产品的安全、效率与舒适，必须突出人、机、环境系统的统一性和整体性。

4. 新趋势

近年来，人机工程学发展有了新的动向。信息技术的快速发展，推动人机工程学向着更人性化、人本化的人机交互方向发展。在信息技术、互联网技术、人工智能等与传统技术乃至传统工作、生活方式融合之时，对于用户的体验感，除了从传统的心理、生理等各个角度考虑，更加考虑人机关系中人的整体感受。代表人物是唐纳德·罗曼（图 1-17），他提出了用户体验（User Experience）的概念，此概念被广泛认同和接受，其中有代表性的是苹果公司的 Iphone 智能手机。第一代

图 1-17　唐纳德·罗曼

Iphone 智能手机推出时完全颠覆了人们对于手机的认识，其中重要的原因是，它的"人-机融合"的程度超出了预期，这自然有技术的支持，但更重要的是技术支持的方向是用户的体验与感受。

1.5　人机设计一般性方法

在任何学科中方法总是最重要的，有了方法才能够将琐碎的细节整合起来，才能系统地分析、研究和解决问题。在人机工程学中方法的作用和地位同样是重要的、基础性的。内维尔·斯坦顿（Neville Stanton）等将各种具体的人机方法分为了六大类（见表 1-3），六大类中的每一类又包含了多种不同的具体研究方法（见表 1-4）。

表 1-3　人机方法的分类

类型	内容简述
身体分析方法	涉及肌肉骨骼因素的分析和评估。包括：身体不舒适评估，对姿势的观察，分析工作场所的风险，疲劳的测量，腰背部四肢损伤风险评估等

（续）

类型	内 容 简 述
心理生理研究方法	心理、生理的分析和评估。包括：心率和心率变异性分析，皮肤电响应分析，血压、呼吸率、眼睑、肌肉运动等分析
认知与行为方法	人员、事件、产品和任务的评估。包括：观察和访谈，认知分析，人因错误预测，工作量分析和预测，情景意识分析
团队工作与协调方法	团队效率的分析和评估。包括：团队培训，团队建设，团队评估，团队沟通，团队认知，团队决策和团队任务分析
环境分析方法	环境因素的分析和评估。包括：热环境，室内空气质量，室内照明，噪声和声学措施评估，振动暴露和可居住性等
宏观人机分析方法	人机系统的分析和评估。包括：组织和行为研究方法，工作流程系统研究，人类学研究方法，人机系统干预，人机系统的结构和处理过程分析等

事实上在具体的人机研究中没有任何一种方法能够解决所有的问题，通常都需要将多种方法共同协调使用。威尔逊（Wilson）将人机工程学方法分为五种基本类型：

1）收集有关人的数据的方法（如收集身体、生理、心理的数据）。

2）人机系统设计中使用的方法（如收集当前和设计中的系统数据）。

3）评估人机系统性能的方法（如收集定量数据和定性数据）。

4）人们需求影响的评估方法（如收集对人们身心健康有短期和长期影响的数据）。

5）人机工程管理程序的方法（如对人机要素的可持续干预策略和管理）。

面对种类众多的研究方法，应该要根据具体的情况进行具体的分析。斯坦顿和安尼特（Annett）总结了人机工程学方法选择和使用中最常见的几个问题：

① 分析的程度应该多深？

② 应使用哪种方法来收集数据？

③ 如何分析？

④ 如何根据特定的环境选择适当的方法？

⑤ 每种方法需要花费多少时间和精力？

⑥ 使用该方法需要多少种类型的专业知识？

⑦ 有哪些工具可以支持该方法的使用？

⑧ 该方法的可靠性和有效性如何？

借助这些提问能够帮助我们选择更加合适的人机分析方法。

本书根据设计专业的特点，为了方便理解和使用，将人机方法分为了两大类：

（1）数据的采集 在具体的设计过程中，总会遇到各种数据的应用。例如，座椅的设计，就会涉及座椅的座高、座宽、座深等，这都需要对基本数据进行采集。

（2）数据的分析 人机设计中的数据众多，哪些数据是有用的，哪些数据能够对设计产生直接的帮助，都需要进行系统的分析。

1.5.1 数据的采集

1. 测量法

一般来讲，人机设计中涉及的数据采集的方法主要是测量法。例如，人体的基本尺寸和

设计中的人机工程学

体重等。对于测量法最重要的是合理的测量工具和科学的测量流程，这样才能保证数据采集的准确性。

不同的数据要采取不同的测量方式和测量工具。人体尺寸分为人体静态尺寸和人体动态尺寸。

人体静态尺寸的测量工具相对简单，人体动态尺寸测量与人体静态尺寸测量不同，需要采用适当的方法。在动态尺寸的测量中，通过标尺的方式来标注人的活动范围，然后用摄像机来记录人的活动范围，这是最常见的一种。摄像机的设置距离一般大于背景高度的 10 倍，其目的是让摄像机的视角接近平行，避免图形变形。背景墙一般按 1cm×1cm 来设置方格，如图 1-18 所示。

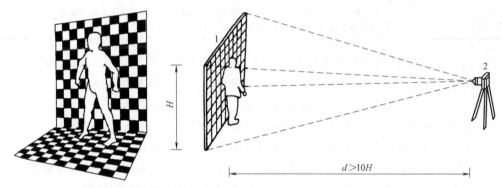

图 1-18   利用摄像机进行人体动态尺寸采集

2. 实验法

用实验的方式来进行数据的采集，在人机设计研究中也是常见的做法。例如，视觉界面设计过程中的"眼动跟踪实验"。通过眼动仪来跟踪人的眼球运动路径和范围，来获取在特定条件下人的注意力特征。这对不少设计都是有价值的，如软件界面的设计、汽车驾驶界面的设计等。图 1-19 所示为汉斯魏尔纳·亨齐克（Hans-Werner Hunziker）等做的新老驾驶员的视觉跟踪实验。

3. 模拟与测试

在实际的设计与研究中，离不开模拟与测试。通过模拟与测试能够了解设计中可能出现的人机问题，为相关解决方案的形成提供支持。一般来讲，模拟与测试多是通过虚拟模拟和实体模拟的方式进行的。

1）实体模拟。实体模拟的方式是通过制作样品和样机来提供模拟实体，然后设置特定的环境，来模拟真实情况下的人机关系。例如座椅设计，什么样的椅子，高度为多少坐起来舒服？什么样的座面，倾斜的角度为多少更舒服？通过制作具体的样品让人们去测试，这样能够获得第一手的数据。

2）虚拟测试。虚拟测试是指模拟的仿真测试，主要是应用各种人机软件，如 Jack、Ramsis 等进行测试（图 1-20）。虚拟测试给设计师提供了快捷的测试和模拟实验方法。目前，许多工程软件（Pro/E、UG、CATIA）都集成了人机分析的模块，这给设计师提供了很大的方便，同时减少了设计成本。

3）虚拟和实体结合的模拟和测试方法。该方法是通过样机和模型以及软件进行模拟测试和仿真测试结合。这样的方法兼顾了虚拟和实体测试各自的优势，更加接近于真实的场

<table>
<tr><td>a) 新驾驶人的视觉跟踪</td><td>b) 老驾驶人的视觉跟踪</td></tr>
</table>

图 1-19　新老驾驶员的视觉跟踪实验

图 1-20　人机评价软件模拟仿真状态

景。例如，在安全驾驶模拟测试中，无论是进行虚拟测试还是进行实体测试，它都会有各自的一些缺陷。实体测试可能存在安全隐患以及数据量不够大的问题，而虚拟仿真又可能出现数据偏差等问题，把两者结合起来可以达到一个更优的测试实验结果。例如，在汽车驾驶员座椅设计时为了能够提高安全性和舒适性需要收集包括车内环境、车外环境以及路况等信息，从而形成完整的人机数据。

1.5.2 观察与分析

在人机研究过程中，观察与分析是重要的环节。很多时候人机分析是对人在环境中的行为进行研究，发现引起这些行为的原因，以及优化人、机、环境的关系。所以观察与分析在人机设计与研究中非常重要。上一讲介绍了数据的采集，当完成数据的采集后，需要对数据进行系统的分析，并寻找最优的人机问题解决方法。常用的人机设计分析方法有以下几种：

1. 瞬时行为分析方法

人的行为以及人和机，人和环境的信息交流是一个连续的过程。对于连续传递的信息和连续的行为分析是比较困难的。我们可以通过瞬时的和间隔式的分析测定方法，如采用统计中的随机取样的方法，将行为过程中的每个特定间隔的信息和行为抽出，并进行测定与分析，这样会相对减少人机分析的信息量和难度，方便聚焦问题。在具体分析中，可以将设定时间间隔的动作（连续摄像等方式）抽取，或将所有动作分解后寻找主要的动作等。在对瞬时行为分析时，一定要放到特定的环境中去，并要结合前因后果来系统分析。

2. 信息反馈分析方法

所有的信息和行为都是对特定刺激信息的一种反应。例如，驾驶员在驾车过程中，驾驶行为就是对于外界信息的综合性反馈，遇到行人要避让，遇到红灯要禁行等。所以通过研究分析人们在行为反馈中所表现出来的特征，能够帮助设计师找到人机关系中的关键点。

3. 动作行为的负荷分析

动作行为负荷指的是人通过四肢能够移动多重的物体，或者标准重量的物体能被人托举多长时间等。通常情况下，动作行为的负荷分析是在单位时间内对工作负荷进行分析，并借此了解全局的工作负荷。这种分析方法在生产性环节中应用得较多。例如，根据工人单位时间的负荷来确定全天甚至更长时间内的工作负荷。在相关分析中要考虑人的能力衰减和其他因素的影响问题（如工作中需要做出理解与判断的动作行为，就比简单的重复动作负荷大），以及休息和环境对于动作行为负荷的影响。

4. 动作频率的分析

在人机系统中，无论是机械系统还是人的动作都会存在着一定的频率。对于机的频率和人的频率以及人和机的频率的协调，是人机研究中的重要问题，特别是在一些特定的工况条件下。例如，生产流水线上，设备的运转始终按照一定的频率进行，工人需要适应这样的频率，这种情况在工业生产条件下是较常见的。在信息与智能时代，已经能够实现让机的运行频率去匹配人的频率，从而更大程度地满足人的需要。在动作频率分析时最重要的一步是对行为人进行分类，如按年龄、性别、身体条件、认知水平等进行分类，分得越细分析的结果越具针对性。

5. 事故人机分析方法

对各种事故进行分析，找到引发这些事故的错误行为原因，有助于人们在复杂的人机系统中找到引发问题的关键因素。这种方法是问题导向的，所以效果明显。在安全人机分析中这也是常常被用到的，但是要注意的是事故人机分析并不一定是真的发生事故以后再去进行分析，实际上事故人机分析更多的是一种逆向的思维方法，即在人机分析中对既有条件进行结果预设，从而进行逆向分析。

6. 人机关系变量分析方法

"人-机-环境"是系统关系，所以人机问题实则是系统性问题。在人机关系中存在多个变量因素，而且这些变量间存在一定的相关性，许多情况下找到其中一个或几个相关变量数据就可以对其他的数据进行分析和理解。例如，就人群而言，可以用身高数据去推测体重、年龄、视力等数据。

1.5.3 人机设计的分析过程

除了数据的采集和分析以外，人机设计的分析过程本身也是非常重要的。

1. 人机问题分析中的限制性条件分析

人-机-环境系统中无论是人、机还是环境都存在着一定的限制性，如人的行为能力限制性，机器的功率限制性，环境的温度限制性等。这些限制性条件在实际的设计中会影响到人机关系，所以在人机系统中对限制性条件的分析是人机问题分析的第一步。例如，在手机的设计过程中，分析手机采用的尺寸、重量、屏幕的亮度等，实际都是对于限制性条件的分析。例如，确定手机的尺寸既要考虑到人的手握尺寸，还要考虑到人的操作方式，当使用同样功能时单手操作与双手操作方式下人与机之间的关系是不同的。确定屏幕的亮度要考虑到人的视觉适应范围，以及周边照度环境的影响。要达到最佳的尺寸、亮度，就要对其内外部的限制性条件进行系统分析。

2. 使用者的构成分析

任何设计都是针对特定的用户需要和特定人群设计的，不同年龄、性别、职业、民族、信仰、文化程度、经济状况和社会地位的人，他们的生理和心理的情况、状态是不一样的。例如，就人体尺寸而言，我国不同地区人的身高、体重就不一样，GB 10000—1988 按照我国地区人体尺寸的差异将我国划分为六个区：东北、华北区，西北区，东南区，华中区，华南区和西南区。由于人群的构成因素是复杂的，所以要针对特定的问题去进行具体的分析。

3. 用户的行为特征分析

用户行为和用户自身的特点是密切相关的，不同的人有着不同的行为习惯。例如，90%的人习惯用右手，多数人习惯从左到右，从上到下和从里到外的操作。当然还有一部分人习惯于用左手，其行为本能可能与习惯于用右手的人就不同。如何让所有的人都能够舒适高效地享受设计产品，这对于人机研究人员是一个挑战。因此，近年来设计界不断提及"通用设计"的理念。通用设计是依据用户的行为特征进行有针对性的设计，并最大可能地面向所有使用者。不同年龄段的人其身心状态的差异很大，设计人员不能基于自己的身心状态去判断其他年龄段人群的行为特征。例如，为了能体会老年人的行为状态而设计带有行为能力限制的服装，用来帮助模拟老年人的行为状态。又如，帕金森病患者生活很难自理，有设计师通过其身体抖动的频率来设计特定的餐具，这在一定程度上缓解了帕金森病人生活上的不便。当然人的行为习惯与传统的文化、认知习惯是有紧密联系的，这就是使用者的构成分析。因此，要正确分析人的行为方式，就要研究行为人的背景条件。

1.5.4 行为分析过程的一般步骤

1. 动作的记录
可以通过摄像机、照相机、计时器或者其他记录仪器，来记录被测试者的行为动作。

2. 动作的分解
将记录下来的各类行为和动作分解成一系列的单个动作。因为行为动作是一个连续的过程，对连续的动作过程分析是比较困难的，所以将连续的动作进行分解，这样能够降低动作分析难度，同时提高对关键动作的关注度。

3. 动作的展现
将记录下来的图像、数据、文字，通过特定的方式（如计算机模型、3D人体模型或2D人体模板等），完整地、反复地来展现动作和行为的过程，并记录和仔细观察，在这个动作展现的过程中，因为人具有一种自动寻求省力的本能，当不合理的行为和动作多次重复后，无论是被测试者还是观察者都能比较容易地发现其中的问题。

4. 动作的分类
对于展现出来的行为动作，还需要对其进行归类。通常情况下把它们分成以下三大类：
① 必要动作。
② 辅助动作。
③ 多余动作。
前面曾经讲到吉尔布雷斯夫妇做的动作研究，他们在砌砖试验的过程中就将砌砖工人的动作分成了这三大类，并依据动作与任务的关系对动作进行重构。这一方法至今依然适用。将动作分成必要动作、辅助动作和多余动作以后，按照动作的经济性原则将各种动作和行为进行重新挑选、改进和重组，以致达到最优的行为和动作的构成关系。在重构的过程中，不仅要考虑到效率问题，同时也要考虑到环境的影响和人自身的承受能力。吉尔布雷斯夫妇在进行动作研究的过程中，去掉了大量的多余动作和辅助动作，以此来提高工作效率，但这不一定是合理的动作重构方式，因为辅助动作和多余动作对于操作者本人的生理和心理的调节作用是非常重要的。例如，观察一般工人的工作效率曲线可以发现，随着工作时间的延长，工作效率是逐渐降低的，但是如果中途有休息或其他方式的暂停，当重新工作时其工作效率会出现回升的状况。当然这并不是吉尔布雷斯夫妇的方法问题，而是当时的整体意识并不在以人为本的基调上，是时代局限性。

5. 设计条件与行为环境
需要特别说明的是，对于人的行为分析可以直接对用户的行为进行观察记录，如对志愿者的行为进行长时间的记录分析。这样的数据收集与分析方式，从逻辑上讲是能够获得第一手的真实数据，但存在过程烦琐、漫长，数据量大且无效数据多等问题，因此通过设计特定的条件和行为的环境参数，采用实验与观察相结合的方式更高效。例如，雷诺汽车公司的设计人员通过穿戴方式去模拟孕妇的驾驶行为，取得了很好的效果。

应该要注意的是，人机分析的方法不是固定的，很难有一个包治百病的唯一正确方法，需要对具体的问题进行具体的研究。事实上，人机设计就是人机研究方法的设计，每个人机问题的解决方法都是有针对性和唯一性的，有了好的解决方法和解决路径，问题自然迎刃而解。人机分析方法见表1-4。

表 1-4 人机分析方法

类型	内容简述	常见分析方法(为了便于查询以下名称不做翻译)
身体分析方法	涉及肌肉骨骼因素的分析和评估。包括:身体不舒适评估,对姿势的观察,分析工作场所的风险,疲劳的测量,腰背部、四肢损伤风险评估等	1) PLIBEL—The Method Assigned for Identification of Ergonomic Hazards (Kristina Kemmlert) 2) Musculoskeletal Discomfort Surveys Used at NIOSH(Steven L. Sauter 等) 3) The Dutch Musculoskeletal Questionnaire (DMQ) (Vincent H. Hildebrandt) 4) Quick Exposure Checklist(QEC) for the Assessment of Workplace, Risks for Work-Related Musculoskeletal Disorders(WMSDs) (Guangyan Li and Peter Buckle) 5) Rapid Upper Limb Assessment(RULA) (Lynn McAtamney and Nigel Corlett) 6) Rapid Entire Body Assessment(Lynn McAtamney and Sue Hignett) 7) The Strain Index(J. Steven Moore and Gordon A. Vos) 8) Posture Checklist Using Personal Digital Assistant(PDA)Technology(Karen Jacobs) 9) Scaling Experiences during Work:Perceived Exertion and Difficulty(Gunnar Borg) 10) Muscle Fatigue Assessment:Functional Job Analysis Technique(Suzanne H. Rodgers) 11) Psychophysical Tables:Lifting, Lowering, Pushing, Pulling, and Carrying (Stover H. Snook) 12) Lumbar Motion Monitor(W. S. Marras and W. G. Allread) 13) The Occupational Repetitive Action(OCRA) Methods:OCRA Index and OCRA Checklist(Enrico Occhipinti and Daniela Colombini)
心理生理研究方法	心理、生理的分析和评估。包括:心率和心率变异性分析,皮肤电响应分析,血压、呼吸率、眼睑、肌肉运动分析等	1) Psychophysiological Methods(Karel A. Brookhuis) 2) Electrodermal Measurement(Wolfram Boucsein) 3) Electromyography(EMG)(Matthias Gobel) 4) Estimating Mental Effort Using Heart Rate and Heart Rate Variability (Lambertus 等) 5) Ambulatory EEG Methods and Sleepiness(Torbjorn Akerstedt) 6) Assessing Brain Function and Mental Chronometry with Event-Related 7) Potentials(ERP) (Arthur F. Kramer and Artem Belopolsky) 8) MEG and fMRI(Hermann Hinrichs) 9) Ambulatory Assessment of Blood Pressure to Evaluate Workload(Renate Rau) 10) Monitoring Alertness by Eyelid Closure (Melissa M. Mallis and David F. Dinges) 11) Measurement of Respiration in Applied Human Factors and Ergonomics Research(Cornelis J. E. Wientjes and Paul Grossman)

(续)

类型	内容简述	常见分析方法(为了便于查询以下名称不做翻译)
认知与行为方法	人员、事件、产品和任务的评估。包括:观察和访谈,认知分析,人因错误预测,工作量分析和预测,情景意识分析	1) Behavioral and Cognitive Methods(Neville A. Stanton) 2) Observation(Neville A. Stanton 等) 3) Applying Interviews to Usability Assessment(Mark S. Young and Neville A. Stanton) 4) Verbal Protocol Analysis(Guy Walker) 5) Repertory Grid for Product Evaluation(Christopher Baber) 6) Focus Groups(Lee Cooper and Christopher Baber) 7) Hierarchical Task Analysis(HTA)(John Annett) 8) Allocation of Functions(Philip Marsden and Mark Kirby) 9) Critical Decision Method(Gary Klein and Amelia A. Armstrong) 10) Applied Cognitive Work Analysis(ACWA)(W. C. Elm 等) 11) Systematic Human Error Reduction and Prediction Approach SHERPA(Neville A. Stanton) 12) Task Analysis for Error Identification(Neville A. Stanton and Christopher Baber) 13) Mental Workload(Mark S. Young and Neville A. Stanton) 14) Multiple Resource Time Sharing Models(Christopher D. Wickens) 15) Critical Path Analysis for Multimodal Activity(Christopher Baber) 16) Situation Awareness Measurement and the Situation Awareness Global Assessment Technique(Debra G. Jones and David B. Kaber)
团队工作与协调方法	团队效率的分析和评估。包括:团队培训,团队建设,团队评估,团队沟通,团队认知,团队决策和团队任务分析	1) Team Methods(Eduardo Salas) 2) Team Training(Eduardo Salas and Heather A. Priest) 3) Distributed Simulation Training for Teams(Dee H. Andrews) 4) Synthetic Task Environments for Teams:CERTTs UAV-STE(Nancy J. Cooke and Steven M. Shope) 5) Event-Based Approach to Training(EBAT)(Jennifer E. Fowlkes and C. Shawn Burke) 6) Team Building(Eduardo Salas,Heather A. Priest,and Renee E. DeRouin) 7) Measuring Team Knowledge(Nancy J. Cooke) 8) Team Communications Analysis(Florian Jentsch and Clint A. Bowers) 9) Questionnaires for Distributed Assessment of Team Mutual Awareness(Jean MacMillan 等) 10) Team Decision Requirement Exercise:Making Team Decision Requirements Explicit(David W. Klinger and Bianka B. Hahn) 11) Targeted Acceptable Responses to Generated Events or Tasks(TARGETs)(Jennifer E. Fowlkes and C. Shawn Burke) 12) Behavioral Observation Scales(BOS)(J. Matthew Beaubien 等) 13) Team Situation Assessment Training for Adaptive Coordination(Laura Martin-Milham and Stephen M. Fiore) 14) Team Task Analysis(C. Shawn Burke) 15) Team Workload(Clint A. Bowers and Florian Jentsch) 16) Social Network Analysis(James E. Driskell and Brian Mullen)

类型	内容简述	常见分析方法(为了便于查询以下名称不做翻译)
环境分析方法	环境因素的分析和评估。包括:热环境,室内空气质量,室内照明,噪声和声学措施评估,振动暴露和可居住性等	1)Environmental Methods(Alan Hedge) 2)Thermal Conditions Measurement(George Havenith) 3)Cold Stress Indices(Hannu Rintamaki) 4)Heat Stress Indices(Alan Hedge) 5)Thermal Comfort Indices(Jorn Toftum) 6)Indoor Air Quality:Chemical Exposures(Alan Hedge) 7)Indoor Air Quality:Biological/Particulate-Phase Contaminant Exposure Assessment Methods(Thad Godish) 8)Olfactometry:The Human Nose as Detection Instrument(Pamela Dalton and Monique Smeets) 9)The Context and Foundation of Lighting Practice(Mark S. Rea and Peter R. Boyce) 10)Photometric Characterization of the Luminous Environment(Mark S. Rea) 11)Evaluating Office Lighting(Peter R. Boyce) 12)Rapid Sound-Quality Assessment of Background Noise(Rendell R. Torres) 13)Noise Reaction Indices and Assessment(R. F. Soames Job) 14)Noise and Human Behavior(Gary W. Evans and Lorraine E. Maxwell) 15)Occupational Vibration:A Concise Perspective(Jack F. Wasserman 等) 16)Habitability Measurement in Space Vehicles and Earth Analogs(Brian Peacock 等)
宏观人机分析方法	人机系统的分析和评估。包括:组织和行为研究方法,工作流程系统研究,人类学研究方法,人机系统干预,人机系统的结构和处理过程分析等	1)Macroergonomic Methods(Hal W. Hendrick) 2)Macroergonomic Organizational Questionnaire Survey MOQS(Pascale Carayon and Peter Hoonakker) 3)Interview Method(Leah Newman) 4)Focus Groups(Leah Newman) 5)Laboratory Experiment(Brian M. Kleiner) 6)Field Study and Field Experiment(Hal W. Hendrick) 7)Participatory Ergonomics(PE)(Ogden Brown,Jr) 8)Cognitive Walk-Through Method(CWM)(Tonya L. Smith-Jackson) 9)Kansei Engineering(Mitsuo Nagamachi) 10)HITOP Analysis™(Ann Majchrzak 等) 11)TOP-Modeler©(Ann Majchrzak) 12)The CIMOP System©(Waldemar Karwowski and Jussi Kantola) 13)Anthropotechnology(Philippe Geslin) 14)Systems Analysis Tool(SAT)(Michelle M. Robertson) 15)Macroergonomic Analysis of Structure(MAS)(Hal W. Hendrick) 16)Macroergonomic Analysis and Design(MEAD)(Brian M. Kleiner)

第 2 章

人体测量与设计

2.1 人体测量的发展与常用方法

2.1.1 人体测量学发展简述

人体测量学是人机工程学非常重要和基础的组成部分。人们所依赖的各种各样的生活环境、生活条件和生活要素，如着装，工作的环境和场所，乘坐的交通工具，居住的环境等都和人体尺寸发生直接或间接的关系。所以，在研究"人-机-环境"关系时重要的一环就是对人体尺寸、人体测量方法、相关国家标准的熟悉和运用，特定条件下人体测量数据的统计计算，以及人体测量数据在设计实践中的使用方法等。简而言之，人体测量学主要用来协调人体构造尺寸与被使用器具，外部环境、条件以及其他要素之间的关系，让用户能够方便、舒适地使用各种设计产品。

人体测量的历史悠久，自从有人类以来，生活中的方方面面都会或多或少地涉及人体尺寸及相关问题。例如，居住的建筑采用多大的空间和尺寸，使用的工具采用多长、多粗的握柄等，都少不了对相关人体尺寸的测量和应用。

人体测量学（Anthropometry），是对人体外形与尺度研究的学科。这一名称源于希腊语中人（Anthropos）和测量（Metrikos）这两个词。依据史蒂芬·菲森特（Stephe Pheasant）的研究，人体测量学可以追溯到文艺复兴时期。阿尔布雷特·丢勒（Albrecht Dfirer）在所著的《人类比例四书》"Four Books of Human Proportions"中，通过绘画等描述了各种人体，书中收集了达·芬奇的著名的人体比例绘画（图 2-1），这幅画以人的肚脐为圆心，四肢处在圆周之上。这是人体测量中知名度最高的测绘作品之一。这幅画是根据 1500 多年前维特鲁威《建筑十书》里面的描述而绘制的。由此可见早在 1500 多年前，人们就已经开始对人体尺寸测量进行了深入的思考和探索。

1870 年，比利时数学家魁特里撰写了《人体测量学》一书（图 2-2），这是第一次系统地对人体测量进行研究的科学著作，也是人体测量系统性、科学性发展的标志。从 19 世纪末开始，各个国家的科学家都开始系统研究人体测量，并编写相关标准。

我国也一直对人体测量保持着研究，其中有代表性的是 GB/T 10000—1988《中国成年人人体尺寸》，直到今天依然被广泛使用。许多设计师由于设计实践的需要，也逐步地介入

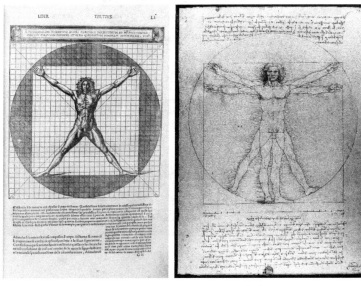

图 2-1　人体比例图（右图达·芬奇绘）

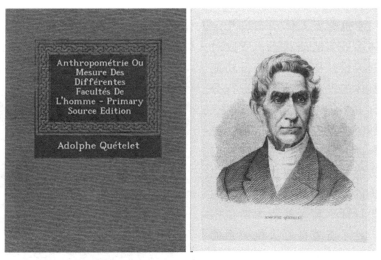

图 2-2　魁特里《人体测量学》

到人体测量的研究中，其中最有代表性的是亨利·德雷夫斯（图 2-3）。他是美国著名的设计师，1929 年成立了自己的工业设计事务所，并与贝尔公司开展合作。在设计产品时，他始终坚持认为产品尺寸必须符合人体尺寸。他 1961 年出版的《人体尺度》一书被普遍认为是将设计与人体测量有机融合的重要著作。

2.1.2　人体测量数据类型

本书主要关注人体测量与设计的关系。根据人体测量数据来设计更符合人体特点的产品等，让人们在生活和工作中更加舒适和方便。

一般来讲，人体测量学所测量的数据主要分为以下两大类：

设计中的人机工程学

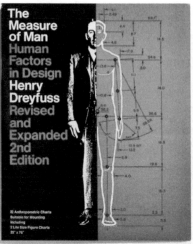

图 2-3　亨利·德雷夫斯

1. 人体构造尺寸

人体构造尺寸也称为人体静态尺寸，是指人在静止状态下的基本人体构造的尺寸。

2. 人体功能尺寸

人体功能尺寸也称为人体动态尺寸。人体构造尺寸与人体功能尺寸有较大差别。而现实生活中人体多处于运动状态，所以对人体功能尺寸的研究与应用对于设计而言是非

常重要的。但是无论是构造尺寸还是功能尺寸都要放在具体的设计对象中去进行分析与研究，对于设计而言才有实际价值。例如，人的四肢活动是有一定范围的，要将相关产品或界面的操作范围布置在人们手脚操作时最方便和反应最灵敏的范围之内，从而减少人的疲劳和提高人机系统的效率。例如，设计师亨利·德雷夫斯依据人体测量尺寸设计了有着良好人机关系的拖拉机驾驶室，如图 2-4 所示。

日常生活中，尽管人们不太留意，但与人体测量相关的各种设计产品比比皆

图 2-4　拖拉机驾驶室人机设计

是。例如，公交车车内扶手的高度便是根据人的上举功能尺寸确定的。当然在实际设计过程中，确定任何一个设计尺寸，往往都会牵涉到各种要素之间的协调，即便是一个扶手的高度。

2.1.3　人体测量方法

人体测量方法主要有以下三种：

1. 普通测量法

普通测量方法是指依据一般的测量仪器来测量人体的构成尺寸。应该注意的是，在测量

中，通常会使用专用的人体测量仪器来保证测量数据的相对准确性。因为普通测量比较耗时耗力，同时由于人体自身结构的复杂性，所以测量所得的数据容易出现偏差，而使用专用的测量仪器可以增加测量数据的准确性。

GB/T 5704—2008《人体测量仪器》中规定，常用的人体测量仪器有：人体测高仪、直脚规、弯脚规和三脚平行规等专用的人体测量仪器，如图2-5所示。

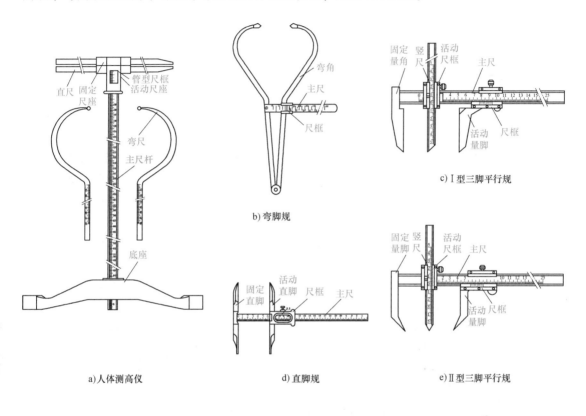

图2-5 人体测量仪器

2. 摄影法

在人体功能尺寸测量中，由于人体活动和姿态的变化，用一般的测量方法很难获得准确数据，而摄影法则是相对较好的测量方法。摄影法的具体操作为采用有背景光源的投影板，人在投影板的前面进行相应的活动，并用摄像机拍下人的活动状态。采用带光源的投影板是为了避免阴影，让摄影机能够获得清晰的人体轮廓。另外，在投影板上面要设置方格，一般设置10cm×10cm或1cm×1cm的方格，以便人体动态尺寸能够有确切的参考标准。在拍摄时，一般将摄像机放置在离投影板高度10倍的地方，以避免镜头夹角导致人体变形。

3. 数字测量

新的数字技术的应用给人体测量提供了更快速和便捷的手段，如三维人体扫描仪等。数字测量技术在当前的人体测量中已开始推广使用。数字测量除了使用数字化的测量工具外，目前各种人体测量参数化软件也被广泛地应用在设计实践中。

2.1.4 人体测量过程

人体测量过程中要考虑测量的实际情况，并设定合理的测量方式以获取更精确的测量数据。例如，测量静态尺寸时要考虑被测试者的着装和身体的平衡等问题。测量肘高时则要求被测试者足跟并拢身体完全挺直站立，测量从地面到肘部弯曲时最下点的距离。

GB 3975—1983《人体测量术语》中对人体测量的基础术语进行了相关的描述，这个标准虽然已经被新的标准所取代，但是里面所涉及的几个基本的术语却是应该了解的。这便于我们在人体测量中获取有效的测量数据。

人体测量的基本术语主要包含了以下四个方面：

1. 被测者的姿势

通常情况下人体构造尺寸的测量主要分为立姿和坐姿。

2. 测量的基准面

人体测量基准面的定位是根据三个相互垂直的轴来确定的，即铅锤轴、纵轴和横轴。

1）矢状面。通过铅锤轴和纵轴的平面及与其平行的所有平面都称为矢状面，如图 2-6a 所示。在矢状面中把通过人体正中线的矢状面称为正中矢状面。正中矢状面将人体分成左、右两个对称的部分。

2）冠状面。通过铅锤轴和横轴的平面及与其平行的所有平面都称为冠状面，如图 2-6b 所示。冠状面将人体分为前、后两个部分。

3）横断面。与矢状面和冠状面同时垂直的所有平面都称为横断面，如图 2-6c 所示。横断面将人体分为上、下两个部分。

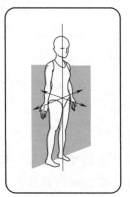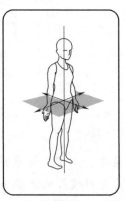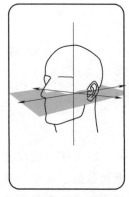

a)矢状面　　　　b)冠状面　　　　c)横断面　　　　d)法兰克福平面

图 2-6　人体测量基准面

4）眼耳平面。通过左右耳屏点及右眼眶下点的水平面称为眼耳平面，又称为法兰克福平面（图 2-6d）。

3. 测量的方向

测量中人体的上下方向，上方称为头侧端，下方称为足侧端。测量中人体的左右方向，靠近正中矢状面的部位称为内侧，远离正中矢状面的部位称为外侧。测量中靠近四肢的部位称为近位，远离四肢的部位称为远位。在上肢上，桡骨侧称为桡侧，尺骨侧称为尺侧。在下肢上，胫骨侧称为胫侧，腓骨侧称为腓侧。

4. 支撑面和衣着情况

在坐姿或立姿测量时，座椅的平面和站立的平面应该是水平的、稳固的和不可压缩变形的。并且被测量者应该尽量少着装，以获取更加准确的人体结构尺寸。

2.2 人体尺寸测量与计算

对于人体尺寸测量，首先要谈到相应的标准，不少国家根据本国的实际情况制定了各自人体尺寸测量标准。我国与人体尺寸测量相关的标准也不少，但其中最基础和最重要的要数 GB/T 10000—1988《中国成年人人体尺寸》。

该标准提供了我国成年人的人体基本尺寸，主要涉及 47 项基本数据。按男、女性别分开，且分三个年龄段：18~25 岁（男、女），26~35 岁（男、女），36~60 岁（男）、55 岁（女）。

2.2.1 中国成年人人体尺寸测量项目

1. 人体主要尺寸

GB/T 10000—1988 给出了身高、体重、上臂长、前臂长、大腿长和小腿长共 6 项人体主要尺寸数据，除体重外，其余 5 项主要尺寸的部位如图 2-7 所示。

2. 立姿人体尺寸

GB/T 10000—1988 中给出的立姿人体尺寸包括：眼高、肩高、肘高、手功能高、会阴高、胫骨点高，如图 2-8 所示。

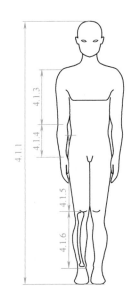

图 2-7 人体主要尺寸部位

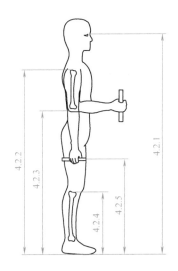

图 2-8 立姿人体尺寸部位

3. 坐姿人体尺寸

GB/T 10000—1988 中给出的坐姿人体尺寸包括：坐高、坐姿颈椎点高、坐姿眼高、坐姿肩高、坐姿肘高、坐姿大腿厚、坐姿膝高、小腿加足高、坐深、臀膝距、坐姿下肢长，如图 2-9 所示。

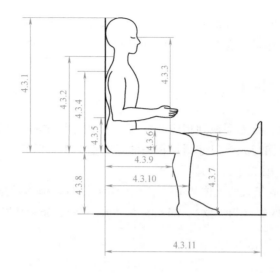

图 2-9　坐姿人体尺寸部位

4. 人体水平尺寸

GB/T 10000—1988 中给出的人体水平尺寸包括：胸宽、胸厚、肩宽、最大肩宽、臀宽、坐姿臀宽、坐姿两肘间宽、胸围、腰围、臀围，如图 2-10 所示。

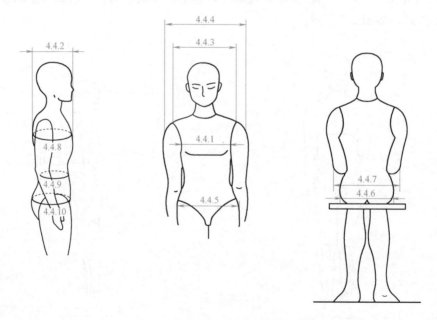

图 2-10　人体水平尺寸部位

5. 人体头部尺寸

GB/T 10000—1988 中给出的人体头部尺寸包括：头全高、头矢状弧、头冠状弧、头最大宽、头最大长、头围、形态面长，如图 2-11 所示。

6. 手部尺寸

GB/T 10000—1988 中给出的手部尺寸包括：手长、手宽、食指长、食指近位指关节宽、食指远位指关节宽，如图 2-12 所示。

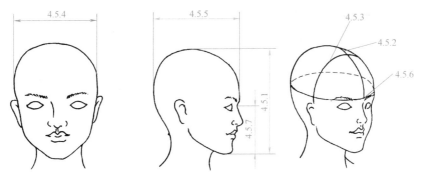

图 2-11　人体头部尺寸部位

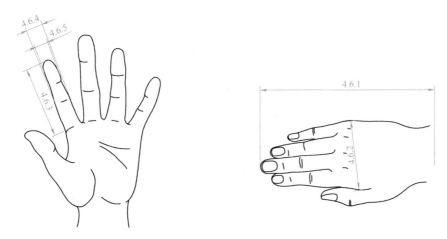

图 2-12　手部尺寸部位

7. 足部尺寸

GB/T 10000—1988 中给出的足部尺寸包括：足长、足宽，如图 2-13 所示。

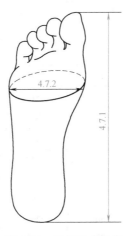

图 2-13　足部尺寸部位

2.2.2 使用 GB/T 10000—1988 时需要注意的问题

使用 GB/T 10000—1988 中所列人体尺寸数据时，应注意以下要点：

1）标准里面所涉及的测量尺寸都是在未着装的裸体状态下的测量结果。标准并没考虑我国不同区域的着装余量。

2）标准中的测量数值是在立姿要求挺胸直立的状态下和坐姿要求端坐的状态下所测量出来的数据。如果用于其他立、坐姿势的设计（如放松的坐姿），要增加适当的修正量。

3）由于我国地域辽阔，不同区域之间人体尺寸差异较大，为了能选用合乎各地区的人体尺寸，将人体尺寸按照测量样本所在地区进行大类划分，具体包括：东北、华北区，西北区，东南区，华中区，华南区还有西南区。

4）该标准中主要涉及三部分内容：年龄的分组、测量项目和百分位对应数据。

2.2.3 人体尺寸测量计算方法

1. 百分位数

人体测量的数据通常是以百分位数作为一个数值指标来标识的。一个百分位数表示一个群体样本的统计测值，如在实际生活中我们经常会讲到平均身高，平均身高是统计人群的身高相加除以人数，这就是第 50 个百分位上对应的身高数值。

GB/T 10000—1988 中男性的平均身高是 1678mm，这里的 1678mm 不是指特定的某一个人的身高，它是指我国成年男性的整体平均身高。相对于平均身高而言，就会有偏矮和偏高的不同群体。通常情况下将第 1~10 百分位的数值称为偏小的人体尺寸，将第 90~99 百分位的数值称为偏大的人体尺寸。

在设计实践中要重点关注三类人群：低百分位的人体尺寸、第 50 百分位的人体尺寸和高百分位的人体尺寸。

GB/T 10000—1988 的表中罗列了第 1、5、10、50、90、95 和 99 百分位的人体尺寸数据，见表 2-1。

表 2-1　人体主要尺寸（男）（摘自 GB/T 10000—1988）

年龄分组	百分位数	测量项目					
		身高/mm	体重/kg	上臂长/mm	前臂长/mm	大腿长/mm	小腿长/mm
18~60 岁	1	1543	44	279	206	413	324
	5	1583	48	289	216	428	338
	10	1604	50	294	220	436	344
	50	1678	59	313	237	465	369
	90	1754	71	333	253	496	396
	95	1775	75	338	258	505	403
	99	1814	83	349	268	523	419
18~25 岁	1	1554	43	279	207	415	327
	5	1591	47	289	216	432	340
	10	1611	50	294	221	440	346
	50	1686	57	313	237	469	372

（续）

年龄分组	百分位数	测量项目					
		身高/mm	体重/kg	上臂长/mm	前臂长/mm	大腿长/mm	小腿长/mm
18~25 岁	90	1764	66	333	254	500	399
	95	1789	70	339	259	509	407
	99	1830	78	350	269	532	421

　　GB/T 10000—1988 是 1988 年制定的，该标准是否能够适用于当前？近年来儿童的身高普遍增长较快，似乎年轻人的身高有所增长，但实际情况是就整体成年人而言，实际变化并不大。2015 年的《中国居民营养与慢性病状况报告》中指出我国 18 岁以上的成年男性的平均身高是 1671mm，女性平均身高是 1558mm。GB/T 10000—1988 中，男性的平均身高是 1678mm，女性的平均身高是 1570mm。对比身高这个数据可以看出基本上没有太大的差别。当然这只是身高数据的比较，但是身高数据是能够在很大程度上反映人体的其他部位尺寸的。因此这个标准依然适用于当前。

　　在设计实践中会存在大量的人体尺寸应用，查阅包括 GB/T 10000—1988 在内的国家标准是很重要的。但是在一些特殊情况下，如设计飞机驾驶舱、特殊专用设备等针对小众人群的设计时，直接引用 GB/T 10000—1988 中的数据可能并不适合。另外，我国人口老龄化的程度日益增高，老人的数量增加较大，老人的身体状况及人体尺寸与年轻人差异很大，在为老龄人设计产品时 GB/T 10000—1988 中的数据就很难适用了。还有一个重要的群体就是 18 岁以下的未成年人，他们每个年龄段的人体尺寸差别都很大，而且整体统计数据的波动也很大，很难有一个全国性的统一适用标准。所以在针对具体的小范围的设计时，为了获得相对更准确的人体尺寸，就要学会根据具体的情况统计和计算相应的人体尺寸。

　　要计算人体尺寸首先要了解与之相关的概率和数理统计概念。

2. 均值

　　均值是表示样本数据集中趋向的某一个数值，也称为平均数。均值可以用来衡量一定条件下的测量水平，以及表现数据样本的集中程度。这里需要注意的是，人体尺寸数据一般是呈正态分布的。

3. 正态分布曲线

　　人体尺寸的正态分布曲线（图2-14）有以下三个图形特征：

　　1）集中性。正态曲线的高峰位于正中央，也就是均值所处的位置。

　　2）对称性。正态曲线以均值为中心左右对称，曲线的两端不与横轴相交。

　　3）均匀的变动性。正态曲线是从均值开始分别向左、右两侧逐渐地、平滑而均匀地下降。

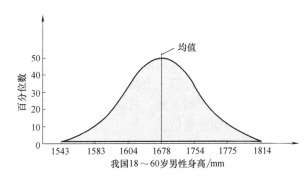

图 2-14　人体尺寸正态分布曲线

　　正态分布曲线图中曲线与横轴间的面积等于1。

4. 方差

方差描述的是测量数据在中心位置，也就是均值附近上下波动的程度差异性。方差表明测量的样本的数值是变量，既趋向于均值，又在一定范围内波动。

对于均值为 $\overline{X}$ 的 n 个样本测量值：X_1，X_2，$\cdots$，X_n，其方差 S^2 为

$$S^2 = \frac{1}{n-1}\left[(X_1 - \overline{X})^2 + (X_2 - \overline{X})^2 + \cdots + (X_n - \overline{X})^2 \right]$$

$$= \frac{1}{n-1}\sum_{i=1}^{n}(X_i - \overline{X})^2$$

5. 标准差

方差的量纲是测量值量纲的平方。在计算中为了使量纲与均值保持一致，便取它的均方根差值，即标准差用来说明测量值对均值的波动情况。用 S_D（Standard Deviation）来表示。

方差的平方根 S_D 称为标准差，对于均值为 $\overline{X}$ 的 n 个样本测量值：X_1，X_2，$\cdots$，X_n，其标准差 S_D 的计算公式为

$$S_D = \sqrt{\frac{1}{n-1}\left(\sum_{i=1}^{n}X_i^2 - n\overline{X}^2\right)}$$

6. 抽样误差

在实际的测量和统计过程中，我们总是用样本去推测整个总体数据的情况。但是一般情况下样本和总体不会完全一致，其差别是由抽样过程中的各种未知情况所引起的。当抽样误差较大时，表明样本的均值与实际均值有比较大的差异，当抽样误差较小时，则表示均值的可靠性比较高。

当知道数据的标准差和样本容量 n 时，可以计算出抽样误差。抽样误差等于标准差除以样本容量 n 的平方根，即

$$S_{\overline{X}} = \frac{S_D}{\sqrt{n}}$$

也就是说抽样误差比测量数据的标准差小 $\sqrt{n}$ 倍。

当然在测量方法正确且样本容量足够多时，抽样误差也就越小。在实际样本的数据抽取中一定要分类抽取，不能在一个类别中抽取太大样本。例如，测量全国人体尺寸，就应该在不同的区域和省份抽取均衡的样本数量，而不能集中在几个地区抽取。

前面讲到了标准差和均值。通过均值 $\overline{X}$ 和标准差 S_D 就能够计算出任何一个百分位数所对应的人体数据，或计算一个特定的人体尺寸数据属于哪一个百分位。这为我们在具体的设计实践中提供了很大的方便。可以通过均值加减标准差与百分比的变换系数 K 的乘积来计算相关百分位对应的数值。

7. 百分比的变换系数

百分比的变换系数可以通过查表 2-2 来获取。

8. 百分位对应人体尺寸数据计算

当计算低于 50% 的人体尺寸数据时，即计算第 1~50 百分位之间的数据时，用均值减去标准差与百分比变换系数 K 的乘积。当计算大于 50% 的人体尺寸数据时，即计算第 50~99 百分位之间的数据，用均值加上标准差与百分比变换系数 K 的乘积。

　　求某百分位人体尺寸：已知某项人体测量尺寸的均值为 $\overline{X}$，标准差为 S_D，则任一百分位的人体测量尺寸 X 的公式为

$$X = \overline{X} \pm S_D K$$

除计算特定百分位所对应的数值以外，还可以计算特定数值所对应的百分位。

表2-2　百分比与变换系数表

百分比(%)	K	百分比(%)	K
0.5	2.576	70	0.524
1.0	2.326	75	0.674
2.5	1.960	80	0.842
5	1.645	85	1.036
10	1.282	90	1.282
15	1.036	95	1.645
20	0.842	97.5	1.960
25	0.674	99.0	2.326
30	0.524	99.5	2.576
50	0.000	—	—

　　求数据所属百分位：当已知某项人体尺寸为 X_i，其均值是 $\overline{X}$，标准差为 S_D，求该尺寸所属的百分位 p_k，可按照 $Z = (X_i - \overline{X})/S_D$ 来计算 Z 值，根据 Z 值在有关手册中的正态分布概率数值表查对应的概率 p 值，则该尺寸所处的百分位 p_k 为

$$p_k = 0.5 + p$$

2.3　人体功能尺寸

　　上一节"人体尺寸测量与计算"主要涉及的内容是人体的静态尺寸以及人体尺寸的测量计算方法。在实际的工作和生活中，人总是处在运动中的，我们把运动中的人体尺寸称为人体功能尺寸（动态尺寸）。人体功能尺寸随着人体的姿态变化而变化。在人体静态尺寸中涉及两类尺寸：立姿状态下的尺寸和坐姿状态下的尺寸。但是在运动状态下，人体姿态是变化的、复杂的，涉及的尺寸较多。GB/T 13547—1992《工作空间人体尺寸》给出了一些主要的人体功能尺寸，可以为设计提供指导与借鉴。

2.3.1　工作空间人体尺寸

1. 立姿人体尺寸

　　GB/T 13547—1992 规定的立姿人体尺寸测量项目包括：中指指尖上举高、双臂功能上举高、两臂展开宽、两臂功能展开宽、两肘展开宽、立姿腹厚。

2. 坐姿人体尺寸

　　GB/T 13547—1992 规定的坐姿人体尺寸测量项目包括：前臂加手前伸长、前臂加手功能前伸长、上肢前伸长、坐姿中指指尖点上举高。

3. 其他姿势人体尺寸

GB/T 13547—1992 规定的跪姿、俯卧姿、爬姿人体尺寸测量项目包括：跪姿体长、跪姿体高、俯卧姿体长、俯卧姿体高、爬姿体长、爬姿体高。

例如，双臂功能上举高尺寸，在确定衣柜、书柜等高度的时候，不可避免地会用到。又如，前臂加手前伸长尺寸，在设计控制室操作人员的控制范围，排布汽车驾驶室的按键时，都会用到。在控制室操作界面的设计中，需要布局大量的控制按键，其中有些按键是频繁使用的，有些按键使用频率相对少一些，还有一些按键可能只有在特定情况下才会被使用，如停车按键等。在布局过程中要根据操作的频繁程度和轻重缓急来进行设置。设置的时候要根据人体上肢所能触及的空间和范围来进行确定。在能够轻易触及的范围内设置频繁操作的按键，相对操作较少的按键放置在第二个层次，以此类推。如图 2-15 所示为公交车驾驶人作业区域尺寸分析。

根据人体胸厚尺寸和试验，得出图中▨区域为次舒适区，在这个区域手臂在施加力的时候会有不适感。

驾驶人作业尺寸分析

年龄组	男(18~60岁)							女(18~60岁)						
百分位数	1	5	10	50	90	95	99	1	5	10	50	90	95	99
胸厚	176	186	191	212	237	245	261	159	170	176	199	230	239	260

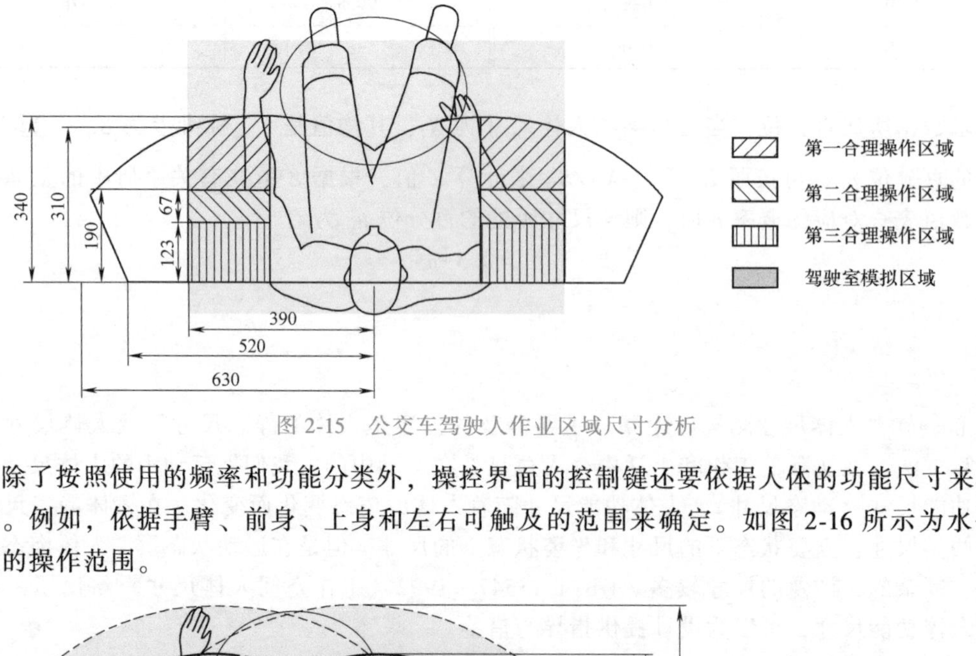

第一合理操作区域
第二合理操作区域
第三合理操作区域
驾驶室模拟区域

图 2-15 公交车驾驶人作业区域尺寸分析

除了按照使用的频率和功能分类外，操控界面的控制键还要依据人体的功能尺寸来具体确定。例如，依据手臂、前身、上身和左右可触及的范围来确定。如图 2-16 所示为水平作业面的操作范围。

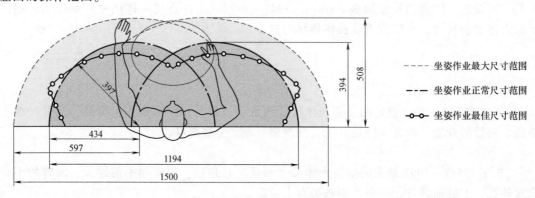

----- 坐姿作业最大尺寸范围
-·-·- 坐姿作业正常尺寸范围
-o-o- 坐姿作业最佳尺寸范围

图 2-16 水平作业面的操作范围

通过 GB/T 13547—1992 里给出的数据，可以确定按键的操作范围。

在工作空间的人机设计中，除了立姿和坐姿以外，还涉及跪姿、俯卧姿和爬姿这三种类型的姿态。这三种姿态的基本人体尺寸项目数据可以根据人体的身高（H）和体重（W）来进行推算。在 GB/T 13547—1992 中给出了计算这三种姿态的方法。

例如，对男子跪姿的测量，包括两个尺寸项目：

① 跪姿体长。跪姿体长的计算方法是：$18.8+0.362H$。

② 跪姿体高。跪姿体高的计算方法是：$38-0.728H$。

在一些需要跪姿状态下作业（如图 2-17 所示的双膝着地的作业姿态）的空间、设备等设计时，这两个尺寸是很有指导性意义的。

在 GB/T 13547—1992 中还对俯卧姿体长、俯卧姿体高、爬姿体长和爬姿体高给出了相应的推算公式。需要注意的是，男子的相应人体尺寸推算公式和女子的相应人体尺寸推算公式是不一样的，参见 GB 13547—1992。

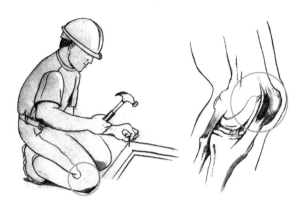

图 2-17 双膝着地的作业姿态

2.3.2 参照人体身高的相关设计尺寸

在设计实践中参考人体身高来确定相关的设计尺寸是一种比较常用的方式。以人体的身高作为基准来确定设备和用具的尺寸是很方便且比较准确的。这是由于，从人群统计层面上来讲，人体各部位尺寸与身高的比例是一定的。例如，举手能够达到的高度大概相当于 4/3 倍的人体身高，可随意取放东西的隔板的高度大概相当于 7/6 倍的人体身高，直立的眼高大概是人体身高的 11/12，能够发挥最大拉力的高度大概是 3/5 倍的人体身高。设备与人体身高的关系见表 2-3。

表 2-3 设备及用具的高度与人体身高的关系

代号	定义	设备高与身高之比
1	举手达到的高度	4/3
2	可随意取放东西的搁板高度（上限值）	7/6
3	倾斜地面的顶棚高度（最小值，地面倾斜度为 5°~15°）	8/7
4	楼梯的顶棚高度（最小值，地面倾斜度为 25°~35°）	1/1
5	遮挡住直立姿势视线的隔板高度（下限值）	33/34
6	直立姿势眼高	11/12
7	抽屉高度（上限值）	10/11
8	使用方便的搁板高度（上限值）	6/7
9	斜坡大的楼梯的天棚高度（最小值，倾斜度为 50°左右）	3/4
10	能发挥最大拉力的高度	3/5

设计中的人机工程学

（续）

代号	定义	设备高与身高之比
11	人体重心高度	5/9
12	采取直立姿势时工作面的高度	6/11
13	坐高（坐姿）	6/11
14	灶台高度	10/19
15	洗脸盆高度	4/9
16	办公室高度（不包括鞋）	7/17
17	垂直踏棍爬梯的空间尺寸（最小值，倾斜 80°～90°）	2/5
18	手提物的长度（最大值）	3/8
19	使用方便的搁板高度（下限值）	3/8
20	桌下空间（高度的最小值）	1/3
21	工作椅的高度	3/13
22	轻度工作的工作椅高度[①]	3/14
23	小憩用椅子高度[①]	1/6
24	桌椅高差	3/17
25	休息用的椅子高度[①]	1/6
26	椅子扶手高度	2/13
27	工作用椅子的椅面至靠背点的距离	3/20

① 座位基准点的高度。

2.3.3 人体功能尺寸与关节活动

人体功能尺寸和人体关节活动特点和范围是密切相关的。关节连接着人体的各个部位，是人体运动的枢纽，它传递着载荷也保持着能量，是使人体能够持续运动的重要器官。

1. 肩关节

肩关节的运动是比较复杂的。肩关节有内收、外展、前屈、后伸和内外旋转等诸多运动，肩部各关节的运动形成了一个完整的统一体，这些运动综合成一个环状的运动。

上臂的外展与前屈活动是由肩肱关节和肩胸关节共同完成的。其中最初的 30° 的外展和 60° 的前屈是由肩肱关节单独完成的，当外展和前屈继续进行时，肩胸关节开始参与，并与肩肱关节活动成 1:2 的比例活动。即肩部每活动 15°，肩肱关节活动 10°，肩胸关节活动 5°。正常情况下，肩胸关节有 60° 的活动范围，肩肱关节有 120° 的活动范围，整体有 180° 的活动范围，人体肩关节的活动范围如图 2-18 所示。

2. 肘关节

肘关节是一个复合关节，由肱尺关节、肱桡关节和桡尺近侧关节三个单关节，共同包含在一个关节囊内所构成。无论是从结构上还是从功能上肱尺关节都是肘关节的主导关节，所以肘关节的主要运动形式是屈和伸。肘关节的屈和伸的平均幅度是在 135°～140°。桡尺近侧关节和桡尺远侧关节联合运动完成了前臂的旋内、旋外运动。人体肘关节的活动范围如图 2-19 所示。

40

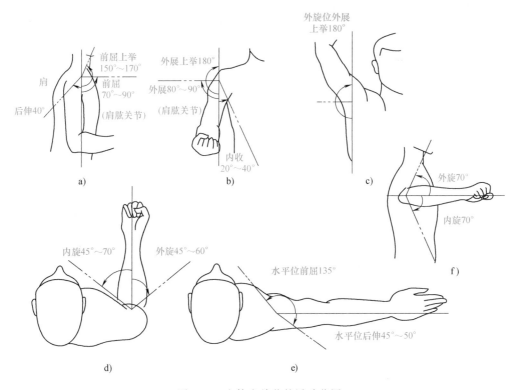

图 2-18　人体肩关节的活动范围

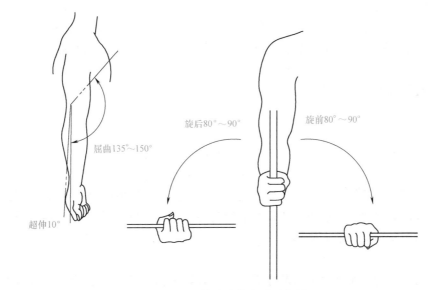

图 2-19　人体肘关节的活动范围

3. 腕关节

　　腕关节的特点是具有广阔的活动部以及稳固的结构。腕关节处于相对复杂的区域，这个区域是由 15 块骨、17 个关节以及韧带系统构成的。腕关节的解剖学特点是它可以在两个平面内运动：

① 矢状面内的屈和伸，即常说的掌屈和背屈运动。

② 冠状面上的桡尺偏移运动，即常说的外展和内收运动。

人体腕关节的活动范围如图 2-20 所示。

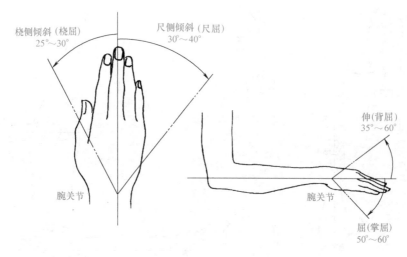

图 2-20　人体腕关节的活动范围

4. 手指关节

手是人体从肩关节开始的上肢杠杆力学链的最后环节，不同平面上的肩、肘和腕的运动都允许手在较大的空间中移动。同时，手本身也有相当的灵活性和延展性，所以它具有很多功能，从各种形态的抓握到触摸和探查，如推、拉、提、压、按、旋、握等。除此以外，手还具备信息表达和传递的能力，这是人体其他部位所不具备的，是由手自身的复杂结构所决定的。手包含 19 块骨和 14 个关节。人体手指关节的活动范围如图 2-21 所示。

5. 髋关节

髋关节有先天的稳固性和很大的活动幅度。同时，髋关节是人体中最大也是最稳定的关节之一。

6. 膝关节

膝关节的功能是传递载荷、参与运动、吸收震动及承受压力。同时膝关节还是为小腿活动提供力偶的重要关节。由于膝关节是由两个相互独立且相互抵消的统一关节系统构成的，因此要求膝关节在承受体重和杠杆力的作用的情况下，在全伸展位时具有很好的稳定性，而且在一定程度的弯曲状态下还能保持很好的活动性。所以，膝关节是比较容易受到伤害的，应该是设计时被特别关注的人体部位。

7. 踝关节

踝关节与足部的一系列关节以及膝盖关节的旋转轴构成了一个有着三个自由度的关节，使足部在任何位置可适应不同的不平整的路面行走。

8. 脊柱

人体中除了六大关节以外还有一个非常重要的部位——脊柱。

人体的脊柱主要具有以下三大功能：

1) 保护功能。保护椎管里面的脊髓和神经。

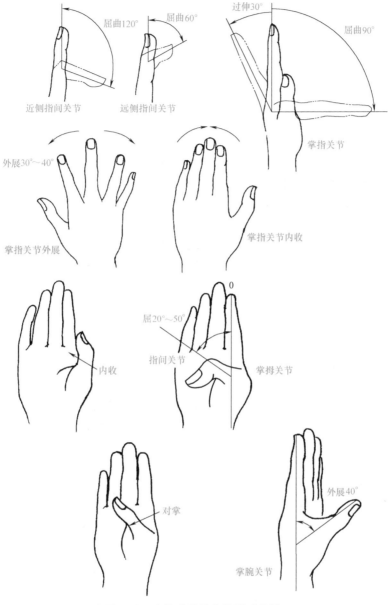

图 2-21　人体手指关节的活动范围

2）承载功能。它是身体的支柱，有负重和承载身体的功能。

3）运动功能。脊柱的运动是在神经和肌肉的共同协调下完成的。主动肌负责发动并开始运动，而拮抗肌则对运动进行控制和修正。

脊柱具有六个自由度。虽然相邻两个椎骨间的运动范围很小，但由于脊柱运动是由几个脊段来联合运动的，多个椎骨间的运动角度和范围的叠加，致使脊柱能够进行较大幅度的运动。其运动形态主要包含屈伸、侧屈、旋转和环转等。

受椎体结构和椎间盘的厚度以及椎间关节连接和方向等因素的影响，脊柱各个段位的运动幅度并不一样。骶尾部不能运动，胸部运动比较少，颈部和腰部的运动范围比较大也比较灵活。

人体的姿态和运动范围受到人体关节的影响。了解人体各个关节的活动特点以及活动范围，对于具体的实践和设计过程非常重要。但是要注意到，男性和女性各个关节部位的活动范围是有一定区别的。

2.3.4 自由度

空间中的构件可有六个自由度。分别是 x，y，z 方向上的平行移动，以及绕着 x，y，z 轴的旋转。

例如，人体肩关节由于其球铰链结构，所以上臂可以自由旋转，并绕着自身的中轴线转动。因此肩关节有三个旋转的自由度。

肘关节相对比较简单一些，类似于生活中的普通铰链，前臂和上臂只能做一个方向上的旋转运动，因此它只有一个自由度。

腕关节不止一个关节，它是多个关节构成的整体。腕关节有两个互相垂直的运动轴，手通过腕关节相对于前臂可以做屈伸和外展运动，所以腕关节具有两个自由度。

表 2-4 列出了滑膜关节类型及运动模型。

表 2-4 滑膜关节类型及运动模型

滑膜关节类型	图示	关节运动模型	举例
滑动关节	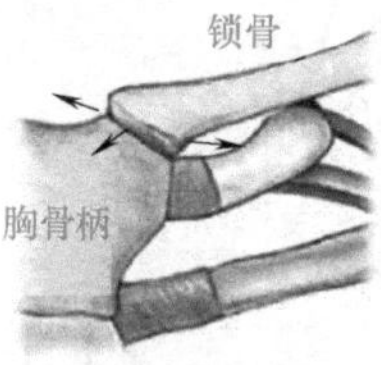 锁骨 胸骨柄	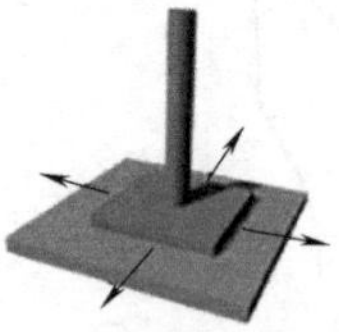	跟胫和胸锁关节 腕骨和跗骨间关节 脊肋接头 骶髂关节
屈成关节	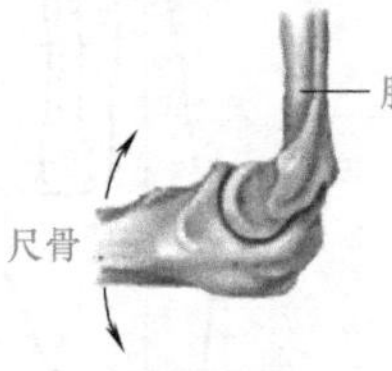 肱骨 尺骨	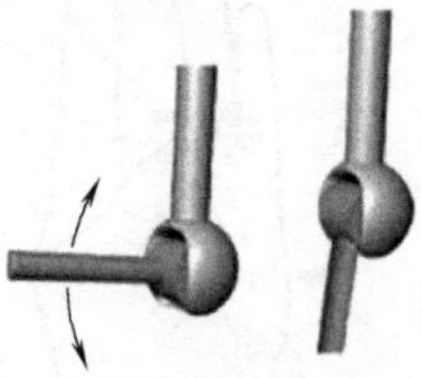	肘关节 膝关节 踝关节 指间关节
枢轴关节	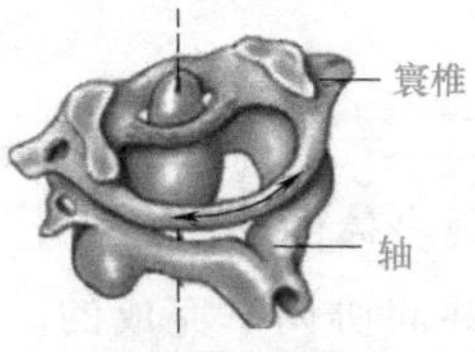 寰椎 轴		轴 尺桡侧近端
椭圆关节	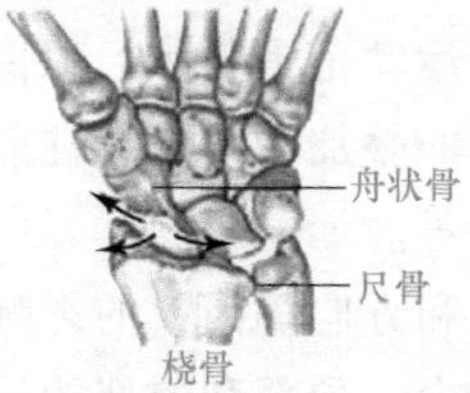 舟状骨 尺骨 桡骨	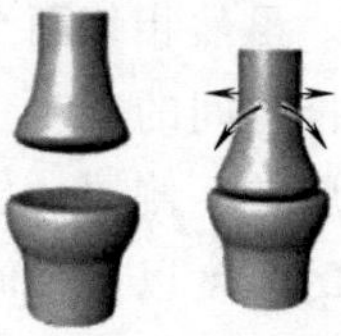	桡腕关节 掌指关节 2~5 跖趾关节

（续）

滑膜关节类型	图示	关节运动模型	举例
鞍状关节	拇指骨　大多角骨　III　II		第一腕掌关节
球窝关节	肩胛骨　肱骨		肩关节　髋关节

2.3.5　人体主要关节的活动范围

人体关节运动与角度如图 2-22 所示。

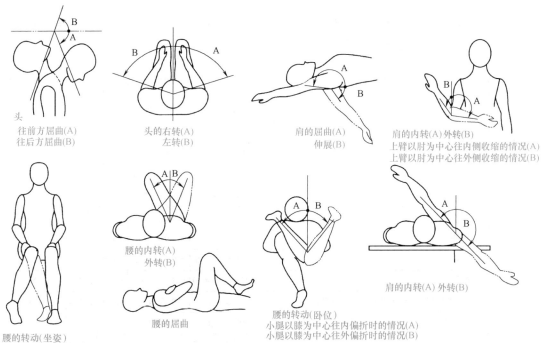

头
往前方屈曲(A)
往后方屈曲(B)

头的右转(A)
左转(B)

肩的屈曲(A)
伸展(B)

肩的内转(A) 外转(B)
上臂以肘为中心往内侧收缩的情况(A)
上臂以肘为中心往外侧收缩的情况(B)

腰的内转(A)
外转(B)

腰的屈曲

腰的转动(卧位)
小腿以膝为中心往内偏折时的情况(A)
小腿以膝为中心往外偏折时的情况(B)

肩的内转(A) 外转(B)

腰的转动(坐姿)
小腿以膝为中心往内偏折时的情况(A)
小腿以膝为中心往外偏折时的情况(B)

图 2-22　人体关节运动与角度

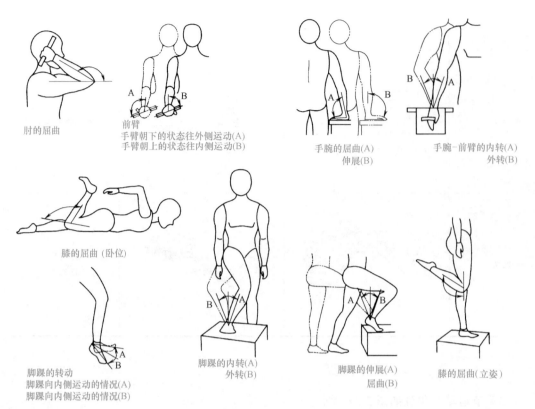

肘的屈曲

前臂
手臂朝下的状态往外侧运动(A)
手臂朝上的状态往内侧运动(B)

手腕的屈曲(A)
伸展(B)

手腕-前臂的内转(A)
外转(B)

膝的屈曲（卧位）

脚踝的转动
脚踝向内侧运动的情况(A)
脚踝向内侧运动的情况(B)

脚踝的内转(A)
外转(B)

脚踝的伸展(A)
屈曲(B)

膝的屈曲(立姿)

图 2-22　人体关节运动与角度（续）

　　表2-5列出了各部位关节运动与可动角度的第5、50、95百分位数据，并对男、女关节可动角度的第50百分位数据进行比较。

表 2-5　关节运动与可动角度（男女之比较）　　　　　　　　　　（单位：°）

部位	关节运动	5 百分位		50 百分位		95 百分位		男女差 (50 百分位)
		女性	男性	女性	男性	女性	男性	
头	往前曲	34.0	25.0	51.5	43.0	69.0	60.0	+8.5
	往后曲	47.5	38.0	70.5	56.5	93.5	74.0	+14.0
	右转	67.0	56.0	81.0	74.0	95.0	85.0	+7.0
	左转	64.0	67.5	77.0	77.0	90.0	85.0	NS
肩	屈曲	169.5	161.0	184.5	178.0	199.5	193.5	+6.5
	伸展	47.0	41.5	66.0	57.5	85.0	76.0	+8.5
	内转	37.5	36.0	52.5	50.5	67.5	63.0	NS
	外转	106.0	106.0	122.5	123.5	139.0	140.0	NS
	上臂以肘为中心向内侧运动的情况	94.0	68.5	110.5	95.0	127.0	114.0	+15.5
	上臂以肘为中心向外侧运动的情况	19.5	16.0	37.0	31.5	54.5	46.0	+5.5
肘-前臂	屈曲	135.5	122.5	148.0	138.0	160.5	150.0	+10.0
	手臂向下时的翻转	87.0	86.0	108.5	107.5	130.0	135.0	NS
	手臂向上时的翻转	63.0	42.5	81.0	65.0	99.0	86.5	+16.0

（续）

部位	关节运动	5百分位		50百分位		95百分位		男女差 （50百分位）
		女性	男性	女性	男性	女性	男性	
手腕	伸展	56.5	47.0	72.0	62.0	87.5	76.0	+10.0
	屈曲	53.5	50.5	71.5	67.5	89.5	85.0	+4.0
	前臂内转	16.5	14.0	26.5	22.0	36.5	30.0	+4.5
	前臂外转	19.0	22.0	28.0	30.5	37.0	40.0	−2.5
腰	屈曲	103.0	95.0	125.0	109.5	147.0	130.0	+15.5
	内转	27.0	15.5	38.5	26.0	50.0	39.0	+12.5
	外转	47.0	38.0	66.0	59.0	85.0	81.0	+7.0
	小腿以膝为中心向内侧运动的情况（卧位）	30.5	30.0	44.5	46.0	58.5	62.5	NS
	小腿以膝为中心向外侧运动的情况（卧位）	29.0	21.5	45.5	33.0	62.0	46.0	+12.5
	小腿以膝为中心向内侧运动的情况（坐姿）	20.5	18.0	32.0	28.0	43.0	43.0	+4.0
	小腿以膝为中心向外侧运动的情况（坐姿）	20.5	18.0	33.0	26.5	45.5	37.0	+6.5
膝	屈曲（立姿）	99.5	87.0	113.5	103.5	127.5	122.0	+10.0
	屈曲（卧位）	116.0	99.5	130.0	117.0	144.0	130.0	+13.0
	脚踝向内侧运动的情况	18.5	14.5	31.5	23.0	44.5	35.0	+8.5
	脚踝向外侧运动的情况	28.5	21.0	43.5	33.5	58.5	48.0	+10.0
脚踝	屈曲	13.0	18.0	23.0	29.0	33.0	34.0	−6.0
	伸展	30.5	21.0	41.0	35.5	51.5	51.5	+5.5
	内转	13.0	15.0	23.5	25.0	34.0	38.0	NS
	外转	11.5	11.0	24.0	19.0	36.5	30.0	+5.0

注：NS 表示无意义。

2.4 人体尺寸在设计中的应用

人体测量尺寸在设计应用中不可以直接使用，人体测量尺寸并不等于设计尺寸。在设计实践中要根据实际情况对人体测量尺寸进行适当的调整。采取适当的方法对国家标准和人群调研中所获得的人体尺寸进行修正以适应设计的需要，这对于设计而言是十分重要的。所以，对设计而言，不仅要知道人体尺寸测量、采集和计算的方法，更重要的是要清楚在不同条件下，怎样利用人体尺寸来完成高品质的设计。

2.4.1 人体尺寸设计应用中的概念术语

1. 使用者群体
使用者群体是指使用产品、服务或技术的全部人员。

2. 用户
用户是每种产品、服务或技术的使用者。用户是设计产品的使用者对象，也是设计所服务的目标。用户这个概念既抽象又具体。所谓抽象是因为每个人都可以是用户，所谓具体是由于特定设计产品的用户是明确的。一般的设计流程都是从用户研究开始的，只有对用户的需求、特点和特征足够清楚和了解才能设计出受欢迎的产品。需要注意的是，设计中所指的"用户"并不同于"使用人群"。用户是指具体的使用者，是个体的人，而使用人群反映的是群体的部分突出特征。两个概念有着密切的联系，但又各有特点，在不同的条件下各有使用优势。在艾伦·库伯（Alan Cooper）的《交互设计精髓》一书中对于"用户"的概念做了较为详细的论述，读者可以扩展阅读一下。

3. 用户体验满意度

用户体验满意度是用户期望值与体验值的匹配程度。它取决于用户对设计产品等的预期与实际获得的感受的关系。设计尺寸给用户带来的满意度反应十分直接，微小的尺寸差别都会带来不同的用户体验感受。

4. 功能修正量

依据人体测量尺寸，为保证设计产品等能够有效满足实际使用中的特定功能，而对相应人体尺寸做出的尺寸修正。例如，着装尺寸修正，身体运动尺寸修正，操作设备条件影响修正等。功能修正后的尺寸一般分为以下两种：

1）最小功能尺寸。最小功能尺寸是指为了保证实现产品的某项功能而设定的产品最小尺寸。

2）最佳功能尺寸。最佳功能尺寸是指为了方便地实现产品的某项功能而设定的产品尺寸。

需要注意的是设计实践中是选择最小功能尺寸还是最佳功能尺寸，除了要基于人体测量外还需要考虑多种因素，如功能、材料、技术、成本等都有可能对设计对象的尺寸大小产生一定的影响。例如，对于门洞宽度的设计，同样能够供人通行，却有 600mm，700mm，800mm，1200mm，2000mm 等多种数据，1200mm 宽度很方便人们通行但如果作为卧室门的宽度就不合适，而 600mm 宽度对于通行显然比较勉强，但在一些房车设计中可能就更加适合。

5. 心理修正量

人们在不同的外部环境条件下心理状态是不一样的。当需要消除产品使用中的各种压抑、恐惧等心理，或者为达到更高层次的审美性追求时，心理修正是必要的。例如，电梯轿厢会给部分人群带来压迫感，为了缓解空间的压抑性，设计师使用了很多有效的方法。例如，可以利用心理修正的方法来协调承载人数与空间尺寸的关系。

2.4.2 人体尺寸与设计尺寸

GB/T 10000—1988 给出了 47 项常用的人体尺寸数据，而且每一项人体尺寸都给出了 7 个不同百分位的数据：第 1、5、10 小百分位的人体尺寸数据，第 50 百分位的人体尺寸数据，和第 90、95、99 高百分位的人体尺寸数据。在设计中，多数情况下所涉及的人体尺寸通常是唯一的，如桌子的高度，椅子的宽度、深度等，如果这些设备不具有尺寸可调性功能，那么它的尺寸将是唯一的。而且这种唯一的尺寸还要尽可能地去满足绝大部分人的使用，那么这就存在怎样从人体测量数据中选择最合适的尺寸来作为设计尺寸的问题。

GB/T 10000—1988 公布的人体尺寸数据是在人处于未着装、不穿鞋的立姿和坐姿下测得的。这样的尺寸与真实工作和生活中的人体尺寸不一致，这意味着在实际设计时应当对这些人体测量数据进行适当的修正。

以公交车座椅宽度设计为例，设计时需要协调最小尺寸和最佳尺寸的关系。一般情况下的座椅宽度是 450mm 左右，但是为了能够服务更多的人，我国的不少公交车座椅尺寸设置为 420mm 左右。这是为了协调保证乘坐的最小功能尺寸与承载更多乘客之间的关系。

1. 设计尺寸选择

GB/T 10000—1988 给出的人体尺寸有，大、中、小三种类型。什么情况下选择大尺寸？什么情况下选择小尺寸？什么情况下选择平均尺寸？这要根据实际情况来具体分析。GB/T 12985—1991《在产品设计中应用人体尺寸百分位数的通则》把产品设计所涉及的尺寸分为以下几种类型：

1）Ⅰ型设计尺寸。所谓的Ⅰ型产品设计尺寸是指在设计中需要两个人体尺寸百分位数来作为设计尺寸的上限值和下限值的产品设计尺寸。这种尺寸一般多用在尺寸可调节的产品设计中，如著名的 Herman Miller 座椅（图 2-23）。Ⅰ型产品设计尺寸又称为双限值设计尺寸。

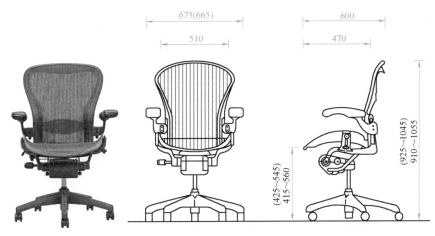

图 2-23　Herman Miller 座椅

2）Ⅱ型设计尺寸。Ⅱ型设计尺寸只需要一个人体尺寸百分位数作为尺寸的上限值或下限值。这种类型的设计尺寸在日常生活中以及设计里是最为常见的。Ⅱ型产品设计尺寸又称为单限值设计尺寸。同时Ⅱ型产品尺寸根据上、下限尺寸限制分为两种：

① ⅡA 型设计尺寸。ⅡA 型设计尺寸是大尺寸的设计，也称为包容空间设计尺寸。

ⅡA 型设计尺寸根据人体尺寸百分位数中的大尺寸即第 90、95 或 99 百分位所对应的数据来作为设计的尺寸依据。例如，过道的高度和宽度显然就要根据大尺寸来进行确定，使得大个子的人也能够顺利通过。又如，座椅的宽度尺寸依据大尺寸来确定，所能适应的人群范围会更广。

② ⅡB 型设计尺寸。ⅡB 型设计尺寸是小尺寸设计，也称为可及距离设计尺寸。

ⅡB 型设计尺寸根据人体尺寸百分位数中的小尺寸即第 1、5 或 10 百分位所对应的数据来作为设计的尺寸依据。例如，书柜高度确定时，依据相对小的人体尺寸来确定设计尺寸会更合理。如果个子矮的人都能够顺利地拿到书柜高层的图书，那么个子高的人拿书也就相对更加容易。汽车驾驶室人机操作界面设计多数尺寸都属于ⅡB 型设计尺寸。

注意：无论是ⅡA 型设计尺寸还是ⅡB 型设计尺寸，在设计实践中所受到的限制条件都是很多的。例如，对于公交车立姿抓握横杆的尺寸高度，理论上应该选择小尺寸作为设计尺寸，但是过低的横杆高度对于乘客通行会造成影响，这就需要进行尺寸修正。同时可通过设置其他类型的扶手来进行补充。所以在具体设计中，对于设计尺寸的应用需要进行系统性的分析和设计。

3）Ⅲ型设计尺寸。Ⅲ型设计尺寸也称为平均设计尺寸。Ⅲ型设计尺寸根据人体尺寸百分位数中的第 50 百分位所对应的数据来作为设计的尺寸依据。例如，在门的把手、电源开关等尺寸设计时，通常情况下我们都以平均尺寸来进行设计。在确定握柄把手的直径尺寸时，直径太小会握不牢，而直径太大又没法握，这种情况下使用Ⅲ型设计尺寸会更合适。

2. 设计尺寸的修正

1）功能修正设计尺寸。GB/T 10000—1988 等标准中给出的都是裸体（或少量着装）、不穿鞋的条件下测得的结果。当在设计中采用这些尺寸时，要考虑到人着装、穿鞋等引起的身高、体厚等方面的尺寸变化。另外，还应该考虑，在实际工作和生活中，人并不是处于挺直状态下的，而是处于自然、放松的姿势状态，因此要考虑由于姿势的不同而形成的人体尺寸相应变化。将各种修正量进行整合考虑，形成设计的功能修正尺寸，以保证设计尺寸满足功能的需要。

例如，一般情况下着装后人体的坐高、眼高、肩高和肘高要增加 6mm，而胸厚会增加 10mm，臀膝距要增加 20mm，在穿鞋的状态下身高、眼高、肩高和肘高男性会增加 25mm，女性增加 20mm。这里所谈到的穿鞋和着装的修正量指的是平均着装和修正量，其中并没有考虑到更复杂的要素，如季节的变化，南北方的不同情况，着装类型的不同等。实际的设计中要根据产品设计的具体情况进行具体的考虑。对于着装和穿鞋的修正量可参照表 2-6 中的数据确定。

表 2-6　一般情况下着装和穿鞋的修正值　　　　　　　　　（单位：mm）

项目	尺寸修正量	修正原因	项目	尺寸修正量	修正原因
立姿高	25~38	鞋高	两肘间宽	20	
坐姿高	3	裤厚	肩-肘	8	手臂弯曲时，肩肘部衣物压紧
立姿眼高	36	鞋高	臂-手	5	
坐姿眼高	3	裤厚	叉腰	8	
肩宽	13	衣	大腿厚	13	
胸宽	8	衣	膝宽	8	
胸厚	18	衣	膝高	33	
腹厚	23	衣	臂-膝	5	
立姿臀宽	13	衣	足宽	13~20	
坐姿臀宽	13	衣	足长	30~38	
肩高	10	衣（包括坐高 3 及肩 7）	足后跟	25~38	

通常情况下，根据国标所提供的人体尺寸数据进行相应的着装和穿鞋尺寸修正后，还应该考虑日常生活中，人体处在放松状态，尺寸会比国标尺寸偏小。例如，在立姿状态下身高和眼高一般会减小 10mm，在坐姿的情况下身高和眼高会减小 44mm。

又　另外，对于操纵设备位置的确定，要以上肢的伸展尺度为依据，这个距离对于操作按键、按钮相对位置的确定有着非常直接的作用，但是由于人手臂处于略微弯曲状态其工作效能和操作舒适度会更高，所以一般对这个尺寸会做适当的调整。例如，按键离人体的距离比前臂前伸尺寸减小 12mm 左右，推、拉等操作的设计尺寸比手握功能尺寸减小 25mm 左右会更好。

又如，手的功能高度较大程度上决定着工作台面的高度。需要用力操作的工作台面，一般性工作的操作台面，精细操作的工作台面其高度都会不同。亨利·德雷福斯研究得出，一般性工作台面，如厨房工作台等的高度设置时应该按照人的肘高来确定，略低于肘高 76mm 左右的台面高度更加有利于人们操作。

2）心理修正设计尺寸。除了功能修正以外还应该考虑的是设计的心理修正量。心理尺寸修正量相对于功能修正尺寸而言并不那么明确，但是依然很重要。例如，人们站在二层楼的阳台上所需要扶手的高度，与站在二十层楼的阳台上所需要的扶手高度肯定是不一样的。从理论上讲，扶手的高度只要高过人体总重心就可以确保安全，也就是扶手高度略高于肚脐便可，但在实际设计中如果高层建筑采用这样的尺寸显然是不合适的。这实际需要考虑人们的心理感受性。心理感受因人因事因时的变化性很大，所以在设计中需要根据每一个具体的设计进行使用人群和用户特征分析。

第 **3** 章

人体生物力学与设计

3.1 人体结构的基础知识

3.1.1 人体的运动系统

人体运动系统是由肌肉、关节和韧带以及骨骼所构成的一个统一协调的整体。人体运动系统类似于机械系统，其运动与平衡是符合物理定律的。

1. 人体运动简化系统

为了便于理解人体的运动系统，通常对它的运动形式进行简化。一般将其简化成质点和刚体，无论是质点还是刚体，都是为了方便描述人在运动空间当中的物理量。

1）质点。所谓质点是指有质量但是忽略了其大小、形状，将其视为一个几何点的物体。质点的运动包括直线运动和曲线运动。

2）刚体。刚体是由多个质点组合而成的一个连续体。刚体中所有的质点之间的距离是保持不变的。刚体在空间当中占有一定的位置，是由实际的物体所抽象出来的一个力学简化的模型。简化人体刚体模型，如图 3-1 所示。

2. 人体运动形式

在运动生物力学中，把人体看成是由多个刚体所构成的一个复杂系统，人体的运动形式主要包括以下三种：

1）平动。人体运动过程中任意两点的连线始终保持长度相等和平行的运动称为平动。例如，行走中，双肩保持着平行和距离相等，这就是一种平动。人体平动形式如图 3-2 所示。

图 3-1　简化人体刚体模型

2）转动。转动是人体运动中的点围绕着一个轴线的运动。关节运动基本都是转动。转动是人体运动的主要形式。图 3-3 所示为一种典型的人体生物力学机构与机械滑轮的比较。

3）复合运动。人体实际运动通常是由平动和转动相结合的复合运动。人体在运动中不断地寻求身体的平衡，缓解各个部位的紧张以及减少身体的压力。

3. 人体运动系统限度

相关的骨骼、肌肉、关节和神经系统具有很强的适应能力。例如，人体在直立前倾时，腰背的肌肉就会收紧，使人体保持平衡。如果人体直立后倾，腹部的肌肉就会收紧，其目的是一样的。但是人的自适应能力是有限的，当超过一定的限度，既有的身体平衡就会被打破。此限度分为强度限度和耐力限度。

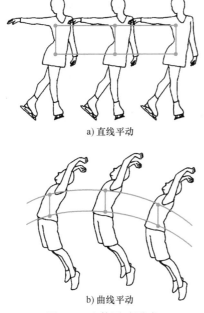

a) 直线平动

b) 曲线平动

图 3-2 人体平动形式

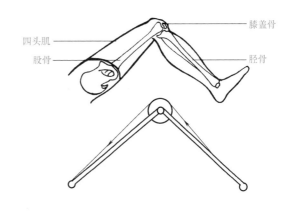

图 3-3 一种典型的人体生物力学机构与机械滑轮的比较

1）强度限度。当人举起一个物体时，它的重量超出了我们的能力范围就很难将它举起来。例如，一般的身体强壮的成年男性平稳提起的力能达到 1214N。

2）耐力限度。耐力是人进行某种活动时的耐久能力。耐力限度是行为人在特定条件下行为动作的耐久时间。在生活中耐力限度是随着外部条件的变化而变化的，所以同样的行为动作在不同条件下人能保持的时间是不一样的。例如，人们在长时间地重复某个动作时，相关的身体部位始终处在一种紧张的状态下，随着时间的延长就容易导致相关部位的不适，甚至是疾病。所以，在人机设计时始终强调一个重要的原则，就是通过设计来避免人体长时间的静止用力。例如，Miller 工作座椅，通过各部位的调节，特别是座面角度、扶手高度、椅背曲线、脚踏高度等的调节来缓解长时间坐姿状态所产生的疲劳，如图 3-4 所示。

图 3-4 Miller 工作座椅

设计中的人机工程学

有效的人机设计能够一定程度上缓解相关的负效应，但并不是完全依赖人机设计来消除长时间保持坐姿等给人体产生的负面影响。这应该是多种手段共同协作的。例如，英国的相关的机构呼吁人们每天保持一个小时的站姿工作状态（图 3-5）。

有研究表明，在工作当中由于弯腰和转身所带来的不适和疼痛，是随着弯腰转身的幅度和频次增加而不断上升的。例如，每天弯腰 60°以上的频次超过了 5%，或弯腰超过 30°的频次达到了 10%，由此所导致的腰背部的疼痛比例会大幅度提高。

图 3-5　站姿工作状态

3.1.2　骨骼系统

人体运动主要由两大器官系统直接参与：骨骼系统与肌系统。

骨骼系统在运动系统中发挥杠杆的作用。同时具有载荷重量、支撑体重以及保护内脏器官等作用。成年人的骨骼由 206 块骨组成，主要分为躯干骨、头颅骨和四肢骨三个部分。骨的形状有长骨、短骨、扁骨和不规则骨四种。人体骨骼示意图如图 3-6 所示。

1. 骨的形状

1）长骨。长骨的形态呈长管状，主要分布在四肢。人体股骨如图 3-7 所示。

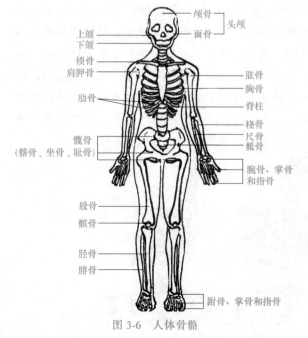

图 3-6　人体骨骼

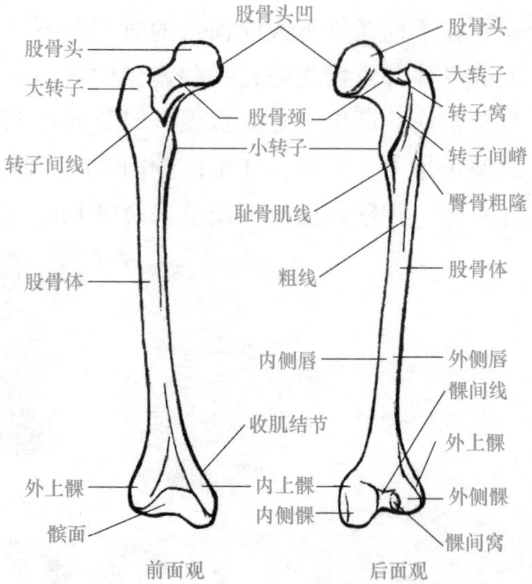

图 3-7　人体股骨

2）短骨。短骨呈立方形，它可以与相邻的骨构成多个关节，常以短骨集群存在。当承受压力时短骨集群中的骨会紧密地聚集在一起，形成拱桥结构以此达到更好地承载压力的作用。短骨集群多分布在运动形式较复杂且运动比较灵活的人体部位，如手腕和踝部等。人体手部骨骼及人体手掌骨骼如图3-8和图3-9所示。

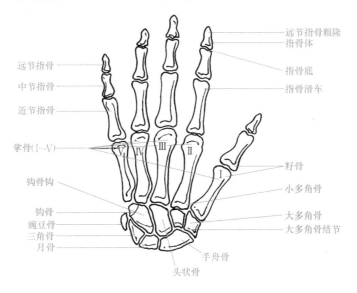

图3-8 人体手部骨腔

3）扁骨。扁骨比较宽扁，呈板状，多分布在头部和胸部等处。扁骨主要构成腔体来保护内部器官，如颅腔、胸腔和盆腔（图3-10）等。

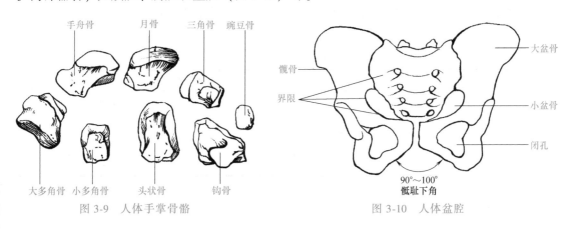

图3-9 人体手掌骨骼　　　　图3-10 人体盆腔

4）不规则骨。不规则骨主要是脊柱。

2. 骨的力学功能

骨的力学功能主要包括支撑功能、杠杆功能和保护功能。

1）支撑功能。骨是人体最坚韧的组织，通过骨骼连接机构使身体形成有机整体，能对人体起到支撑作用。

2）杠杆功能。人体运动系统在神经系统的支配下，通过骨骼肌的收缩牵引使骨围绕着关节来产生各种运动，在人体运动中发挥着重要的杠杆功能。

设计中的人机工程学

3）保护功能。由骨所形成的腔体对内脏器官具有重要的保护作用。另外，骨骼所形成的一些特定结构能够维持血管的正常形态以及避免神经受到挤压。例如，足弓所形成的弓形结构能够使足底血管和神经免于挤压，让人具有相对更长时间的行走能力。人体脚部骨骼示意图如图 3-11 所示。

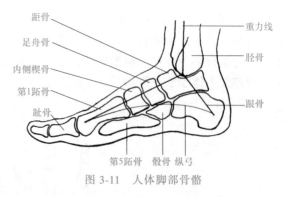

图 3-11　人体脚部骨骼

骨是人体中最坚硬的器官。骨的强度虽比钢要低一些，但却高于花岗岩。骨在纵向压缩中的抵抗力是非常强的，这主要依赖于"骨密质"。但是骨在张力情况下比较容易损坏。曾经有学者做过成年人的股骨和皮质骨的极限强度试验，发现成人的股骨在纵向上的拉力或压力要强于横向上的抗拉、抗压能力。人体胫骨与其他材料的比较，见表 3-1。

表 3-1　人体胫骨与其他材料比较

物理性能	钢	骨	花岗岩
密度/(g/m³)	7.8	1.87~1.97	2.6
沿纵轴的最高张力强度/(N/cm)	42420	9300~12000	500
沿纵轴的最高张力强度/(N/cm)	42400	12100~21000	13500

在纵向上，成人的股骨可以承受压力的极限强度是 193MPa，在横向上能够承受压力的极限强度是 133MPa。而在拉力方面，在纵向上股骨能够承受的拉力是 133MPa，而在横向层面上所能承受的拉力只有 51MPa。由表 3-2 可以看到骨所承受的不同方向上的力是有很大区别的。

表 3-2　成人股骨皮质骨极限强度　　　　　　　　　　　　　（单位：MPa）

负荷类型	极限强度	
	纵向	横向
拉力	133	51
压力	193	133
剪切力(纵向扭转试验)	68	—

3.1.3　肌系统

人体运动系统中除了骨骼系统以外还有肌系统。肌系统大约占到了人体体重的 60%。它主要分为三大类型：骨骼肌、心肌和平滑肌。

1. 骨骼肌

组成运动系统的肌肉主要是骨骼肌，所以一般也将骨骼肌简称为肌，而心肌和平滑肌则通过全称来表达。骨骼肌的结构如图 3-12 所示。完整的肌是由肌束组成的，肌束又由肌纤维构成，如图 3-13 所示。肌纤维含有许多平行的肌原纤维，而肌原纤维又由一连串的肌小节所构成。肌小节是由相互穿插的肌丝组成的。肌丝又分为粗肌丝和细肌丝。

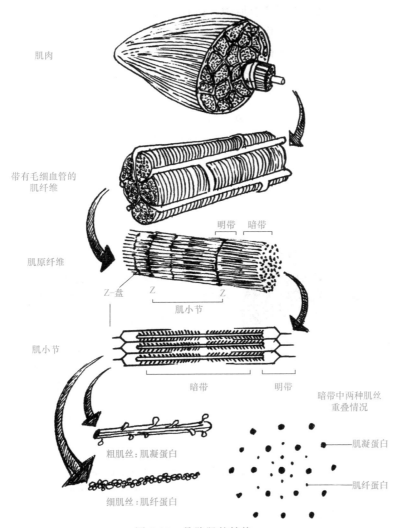

肌肉

带有毛细血管的
肌纤维

肌原纤维

明带　暗带

Z-盘　　Z　　　　Z
肌小节

肌小节

暗带　　　　　　明带

暗带中两种肌丝
重叠情况

肌凝蛋白

肌纤蛋白

粗肌丝：肌凝蛋白

细肌丝：肌纤蛋白

图 3-12　骨骼肌的结构

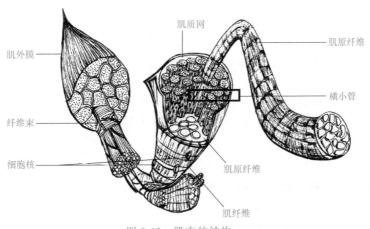

肌质网

肌原纤维

肌外膜

横小管

纤维束

细胞核

肌原纤维

肌纤维

图 3-13　肌束的结构

设计中的人机工程学

除了肌本身以外，肌的周围还有肌膜、肌腱和韧带。肌周围的结缔组织具有保证肌收缩活动、传递肌力和协调肌运动的作用。肌是人体运动的发动机，同时它还具有对骨的支撑作用，以及维持人体姿态、保护身体和产生热量等功能。肌的运动是由肌力和外力相互作用形成的。它的运动形式主要包含静力性运动和动力性运动。

2. 肌的静力性运动

所谓的静力性运动也称为等长运动。当肌的张力和应力作用在附着点上时，肌的起止点没有发生位移，此时肌的收缩力和阻力是相当的。肌肉的长度没有发生变化，因此不引起关节运动。等长运动是固定体位和维持姿势时主要的肌运动形式。例如，当人在半蹲时"四头肌"收缩（图 3-14），当嘴部咬住下颚时"咀嚼肌"收缩（如图 3-15 所示为人体口部肌肉）。这都是肌的等长运动。

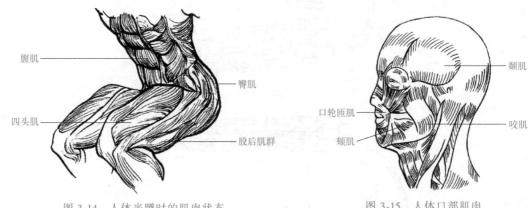

图 3-14 人体半蹲时的肌肉状态　　　　图 3-15 人体口部肌肉

3. 肌的动力性运动

肌的动力性运动主要包含向心运动和离心运动。所谓的向心运动是指当肌收缩时肌的长度缩短，两边的附着点相互靠拢。例如，人们在上楼梯的时候"四头肌"收缩。手臂弯曲时肱二头肌收缩以及手臂伸展肱二头肌收缩（图 3-16），这就是一个典型的肌的向心运动。反之则是离心运动。即当肌收缩时，肌力低于动力，使原先收缩的肌被隐藏。例如，人们在下楼时四头肌会延长，这便是离心运动。

在实际的人体运动过程中很少有单一的向心、离心或等长运动。人体肌肉运动通常是向心、离心、等长运动组合在一起的有一定"牵拉-缩短"周期（图 3-17）的"肌功能"活动。由于"牵拉-缩短"活动周期的存在，很大程度上增强了肌的能力，减少了相应的疲劳。这是一种更经济的运动方式。

实际上每个动作都不可能是由一块单独的肌肉来独立完成的，人体运动需要一组肌群来相互协作。根据肌群在某一个具体动作中的功能，可以将其分为

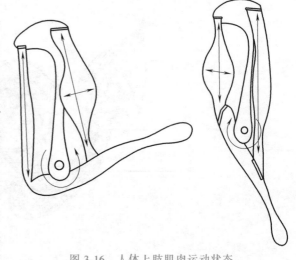

图 3-16 人体上肢肌肉运动状态

原动肌、拮抗肌、固定肌和综合肌。

1）原动肌。直接完成动作的肌群称为原动肌。例如，在进行屈肘的运动时，起主要作用的是肱二头肌、肱肌等，那么就可以将肱二头肌和肱肌称为屈肘运动过程中的原动肌。

2）拮抗肌。拮抗肌是与原动肌起相反作用的。例如，在屈肘时与肱二头肌相对的肱三头肌，肱三头肌是肱二头肌的拮抗肌。拮抗肌在整个运动过程中所起的作用是保持关节活动的稳定性，提高动作的精确度，同时能够防止关节的损伤。因此拮抗肌和原动肌它们是一对相

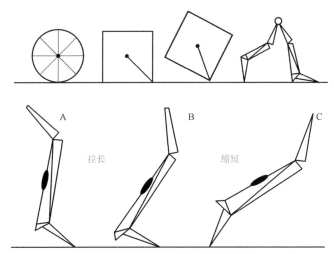

图 3-17　人体下肢运动牵拉-缩短周期

互作用的肌。当然原动肌和拮抗肌它们是互为拮抗的，当屈肘时原动肌是肱二头肌，拮抗肌是肱三头肌；而在相反运动时，原动肌是肱三头肌，拮抗肌是肱二头肌。

3）固定肌。固定肌是对肌相对固定的一端所附着的骨，或接近的一连串骨起固定作用的肌。

4）综合肌。综合肌的作用是抵消原动肌在收缩中所产生的部分不需要的动作。人体运动中，无论是骨还是肌，都是非常重要的运动参与系统。另外，骨和肌的运动是由神经系统来支配和控制的，如果神经系统存在功能障碍，必将导致运动功能障碍。在人机工程学中，主要研究人和机的互动性，针对的是一般状态下的人体功能，探索通过设计实现人的能力、满意度和安全感等方面的提升。

3.2　人体生物力学的基础知识

3.2.1　人体平衡

人体生物力学在很多地方都与设计有着密切的联系。特别是需要进行直接操作的产品、设施等，更离不开对人体生物力学的研究。

人体的受力可以分为动力和制动力。当力的方向和人体的运动方向一致时，这样的力称为人体的动力；相反称为人体的制动力。

人体自身受力一般可分为内力和外力。内力和外力相互作用，产生适应、协调和平衡。

1. 外力

外力是指外界物体、环境作用于人体的力。

1）重力。重力是人所受外力的主要形式。人体重力是地球对人体的引力。当人保持特定的姿态或是活动的时候，人体重力是必须要克服的负荷。

2）支撑的反作用力。当人体对支撑点施加作用力时，支撑点对人体的反作用力称为支撑的反作用力。通常情况下，当人处于静止状态时，人体所受的支撑反作用力的大小和人体

的体重是相同的，方向是相反的。当人在支撑点上做加速运动时，所受到的支撑反作用力通常会大于人体的体重，如加速下蹲。

3）摩擦力。人和肢体在与相关环境比如地面、器械等进行运动或者操作的时候会受到摩擦阻碍。人体所受的摩擦力通常分为静摩擦力、滑动摩擦力和滚动摩擦力。

人体所受外力除了重力、反作用力和摩擦力以外，还有惯性力、流体阻力以及其他外力。

2. 内力

内力是指人体内部各个器官之间相互作用的力。各种内力总是相互适应的，以维持着一个最佳的活动状态。同时也在不断地和外力进行抗衡来适应人在具体环境中的需要。

1）肌拉力。内力主要有肌拉力。肌拉力是肌在保持人体姿势和引起人体各部分相对运动的力。肌拉力是人体内力的主动力，也是人机工程学主要研究的人体力学部分。

2）其他内力。除了肌拉力以外，人体内力还包括各组织器官间的被动阻力、器官间的摩擦力等。维持身体的平衡是人体运动系统的第一任务，因为人体要在保持平衡的基础上去适应外部环境和工作要求。但是要维持人体的平衡需要人体运动系统各部分的有机协调。人体平衡主要是围绕着人体重心保持静态的和动态的平衡。

3. 重心

人体重心是指人体各个部分所受重力的合力作用点。当人体有负荷时，如提着或背着东西时，物体的重力也应该合计在内。一般情况下，人体的重心位于身体的矢状面上，正中面的骶骨上方，约身高的 55% 处（从下方起），如图 3-18 所示。如图 3-19 所示为人体负重时的重心。

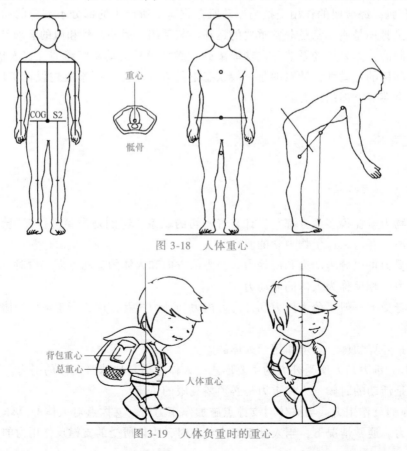

图 3-18　人体重心

图 3-19　人体负重时的重心

人体平衡一般又分为静态平衡和动态平衡。但实际上人体平衡是动态平衡，因此人体的重心总是在一定范围内波动的，当重心移动时，人体通过相应的动作来维持平衡。例如，舞蹈演员表演时，每个动作都要在瞬间找到一个相对的平衡点。人体运动是身体的各个部位在移动当中不断地去寻找平衡的一个过程，所以寻求平衡是人体运动的本能需求。在人体平衡中，除了前面说的人体重心以外还有两个重要的概念：支撑面与稳定角。

4. 支撑面

支撑面和稳定角的大小以及重心离地的距离很大程度上决定着人体的稳定性。支撑面是指支撑点和其围绕成的面积。人体站立时围绕着左右脚所形成的中间面就是支撑面，如图3-20所示。一般情况下，支撑面越大，人体的稳定性越好。

5. 稳定角

稳定角是人体重心垂直在支撑面上的投影线和从重心到支撑面边缘连线的夹角。稳定角越大，人体重心就会越低，人体的稳定性也就越好。如图3-21所示为运动中的人体稳定角。

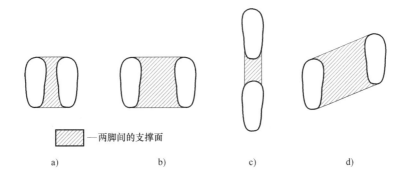

□—两脚间的支撑面

a)　　　　　　　　b)　　　　　　　　c)　　　　　　　　d)

图3-20　人体双脚的支撑状态

从力学的角度可知，当合外力以及合外力矩均为0时，物体就能够保持平衡，因此重心投影线是否落在支撑面内，是决定人体是否平衡的关键。当然由于人体自身结构的特点，它并不完全等于一般的刚体。例如，当人体失去平衡时，会反射性地改变姿势，以通过动作的补偿使身体的重心向相反方向移动，以达到身体的再平衡（图3-22）。实际上人体就是在不断地平衡、失去平衡、再平衡的往复运动当中保持着动态的平衡。例如，弯腰去抓握物体的时候，人体的重心就会自然地往后移动，以此来保持身体的平衡。

图3-21　运动中的人体稳定角

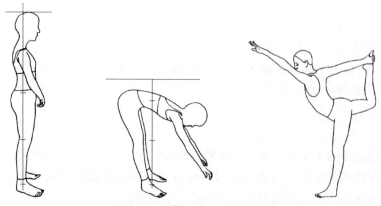

图 3-22　人体运动中的再平衡

　　人体相较于一般刚体而言，最大的特点是人体具有内力平衡的作用。而肌力的大小直接影响身体的平衡。依靠内力平衡虽然维持身体平衡（图 3-23）的时间相对较短，但内力平衡在协调和保持身体平衡中起着重要作用。

图 3-23　人体运动中的内力平衡

3.2.2　人体杠杆

　　在人体生物力学中，还有一个非常重要的部分——人体杠杆。

　　杠杆通常分为三类：平衡杠杆、省力杠杆和速度杠杆，如图 3-24 所示。这三种类型的杠杆在人体中都有反映。

　　1. 平衡杠杆

　　平衡杠杆的支点位于力点和阻力点中间，其主要作用是传递动力和保持平衡。它既产生力也产生速度，这类杠杆在人体中相对较少。例如，颈椎对于头部的支撑便是一个平衡杠杆，如图 3-25 所示。

　　2. 省力杠杆

　　生活中用到的省力杠杆比较多，省力杠杆在人体结构中也可见到。例如，站立时提脚跟，以脚趾关节为支点，小腿三头肌以跟腱附着在跟骨上的点作为力点，人体重力通过距骨体形成阻力点，这是人体中一个典型的省力杠杆，如图 3-26 所示。

　　3. 速度杠杆

　　人体中最常见的是第三类杠杆，即速度杠杆。速度杠杆的力点在阻力点和支点的中间。

例如，人体前臂弯曲的动作，支点在肘关节的中心，力点是肱二头肌在桡骨粗隆上的止点，在支点和阻力点（人的手以及所持有的物体的重心）之间，如图 3-27 所示。因为此类杠杆的力臂始终小于阻力臂，所以动力必须要大于阻力才能够产生运动。

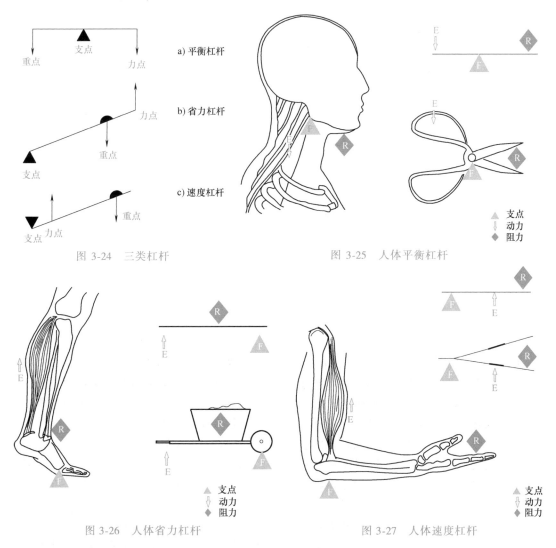

图 3-24　三类杠杆

图 3-25　人体平衡杠杆

图 3-26　人体省力杠杆

图 3-27　人体速度杠杆

　　在实际的工作和生活中，人体的力学杠杆是和外部环境条件相互协调施力的。例如，钓鱼时，使用剪刀时，使用扫帚扫地，开门时等，如图 3-28 所示，都涉及人体的施力和施力的特征，以及与环境和物体的相互关系。

　　除此以外，还应该要知道，人体的运动特别是关节的运动是依照顺序性原则展开的。人体运动不是单一关节的活动，而是运动链中多个关节的共同活动。运动的原则是按照从大关节到小关节的顺序运动原则进行的。例如，手臂上抬这个运动便是按照肩关节、肘关节、腕关节的顺序进行的。人体运动时由于受到人体自重和力臂增长等影响，身体移动的距离会增大，并且参与运动的关节会增多，人体各部分承受的力也会增加，因此也更容易产生疲劳。当然这也指导我们在具体的设计实践中，应该尽量通过设计去避免人体大范围的运动，以此来减少工作和生活中产生的疲劳。

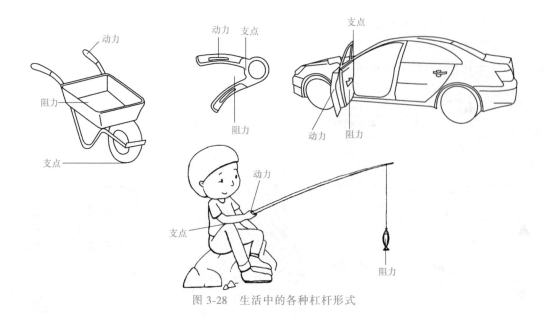

图 3-28　生活中的各种杠杆形式

3.3　人体施力特征和对设计的影响

3.3.1　人体施力特点

3.1 节讲了和人体施力特征相关的骨骼、肌肉以及关节等人体结构问题。人体结构是保障包括人体施力在内等功能的基础。人体施力特征与设计学特别是产品设计等专业的研究内容高度重叠，一款好的产品一定是好用的产品，好用的重要体现之一便是设计符合人体施力特征。

不同人体姿势对人体施力的大小是有影响的。当然人体的肌力大小是因人而异的，通常情况下，男性的力量比女性要大得多，同时年龄也是影响肌力大小的重要因素。一般情况下，男性的力量在 20 岁左右达到顶峰，这个最佳状态通常能够维持 10 ~ 15 年左右，然后随着年龄的增加逐渐地降低。需要注意的是，人体各个部位肌力的变化不是同步的，有的部位变化慢有的部位变化快。例如，腿部肌肉力量的变化就比上肢肌力的变化更加明显。一般情况下，60 岁的人手部力量比最佳状态时下降约 16%，但是其腿部力量的下降却能够达到 50%。人往往是先从下肢力量、能力的退化开始衰老的。即便是下肢中的各部位，其退化的速度、程度也并不一致。例如，膝关节由于其所处位置几乎承载全身重量，同时又是活动幅度较大的关节，所以其往往是下肢受损和退化最快的部位。人在跑步中膝关节所受的重量可以达到人体重量的 1 ~ 2 倍，如果在硬质地面（水泥地等）上跑步其所承受的重量会更大，而在橡胶地面跑步膝盖所受重量会有较大缓解。但不是所有的人都有机会在橡胶跑道上跑步锻炼，所以跑步鞋的设计就十分重要了。好的跑步鞋的鞋帮、鞋底都会有特别的保护和缓冲设计，以提高对人的保护功能，人体跑步力传递状态与跑步鞋设计如图 3-29 所示。

除此以外，不同的人体姿势会直接影响人体的施力状态，如图 3-30 所示。作业姿势的不同会很大程度上影响到施力的大小与效度。表 3-3 ~ 表 3-5 列出了人体在各种状态下的力量状态，可以看出人体的作业姿势是多样的，同时涉及的施力方式各有不同，但是总结起来都有相似的规律可循。

图 3-29　人体跑步力传递状态与跑步鞋设计

表 3-3　人体在各种姿态下的力量（施力状态如图 3-30a 所示）　　　　（单位：N）

施力	强壮男性	强壮女性	瘦弱男性	瘦弱女性
A	1494	969	591	382
B	1868	1214	778	502
C	1997	1298	800	520
D_1	502	324	53	35
D_2	422	275	80	53
F_1	418	249	32	21
F_2	373	244	71	44
G_1	814	529	173	111
G_2	1000	649	151	97
H_1	641	382	120	75
H_2	707	458	137	97
I_1	809	524	155	102
I_2	676	404	137	89
J_1	177	177	53	35
J_2	146	146	80	35
K_1	80	80	32	21
K_2	146	146	71	44
L_1	129	129	129	71
L_2	177	177	151	97
M_1	133	133	75	48
M_2	133	133	133	88
N_1	564	369	115	75
N_2	556	360	102	66
O_1	222	142	20	13
O_2	218	382	44	30
P_1	484	315	84	53
P_2	578	373	62	42
Q_1	435	280	44	31
Q_2	280	182	53	36

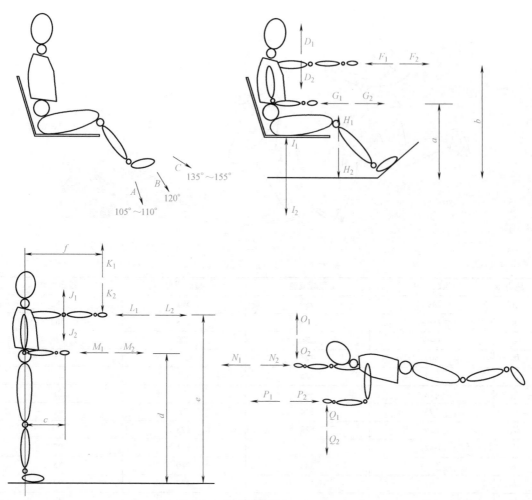

a) 常见的操作姿势

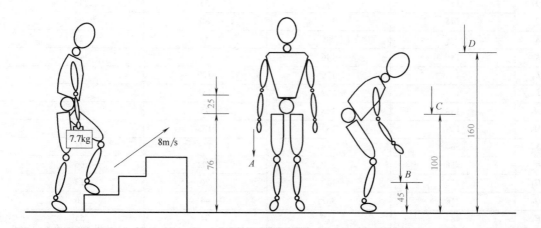

b) 常见的活动姿态

图 3-30 不同姿态的施力状态（单位：cm）

表 3-4　人体施力时移动的距离（施力状态如图 3-30a 所示）　　（单位：cm）

距离	强壮男性	强壮女性	瘦弱男性	瘦弱女性
a	64	62	58	57
b	94	90	83	81
c	36	33	30	28
d	122	113	104	95
e	151	141	131	119
f	65	61	57	53

表 3-5　人体在各种状态时的力量（施力状态如图 3-30b 所示）　　（单位：N）

施力	强壮男性	强壮女性	瘦弱男性	瘦弱女性
A	42	27	19	12
B	134	87	57	37
C	67	43	23	14
D	40	25	11	7

3.3.2　腰背部受力与施力

1. 引发腰背不适的原因

人体肌骨劳损是常见的病症，肌骨劳损可由多种原因导致，除了疾病以外，很大一部分是人们在工作生活当中不良的行为习惯或外部不佳的人机系统设计所导致的。通常情况下，人体肌骨劳损和以下几方面要素有关：

① 人体需要施加力的大小。

② 人体动作的姿势正确与否。

③ 人体动作的重复频率的高低。

④ 任务整体所需要持续的时间的长短。

2. 腰背部受力计算

在肌骨劳损中，腰背部劳损是比较普遍的，引起腰背部的不适和疼痛除与上面所讲的四大要素有关外，同时还与人的腰背部的结构有一定的关系。

人体的基本运动状态是保持平衡。人体平衡是内力和外力之间相互作用形成长时或短时的平衡。例如，当人弯腰上举物体时，物体向下的重力可以看成是一个顺时针的力矩，顺时针的力矩应当由一个逆时针的力矩来平衡，这个逆时针力矩便由人体的背部肌肉来产生，其大小为要上举的物体重量与其到腰骶间盘的水平距离的乘积，与躯干重量与躯干重心到腰骶间盘的水平距离的乘积的和，即

逆时针力矩=物体重量×物体到腰骶间盘的水平距离+躯干重量×

躯干重心到腰骶间盘水平距离

那么与之相对的背部肌肉的力矩，等于背部肌肉的力乘以其背部肌肉的力臂，这个力臂通常是 5cm。之所以力臂是 5cm，这与人的腰背部的肌肉厚度是有一定关系的。物体到腰椎间盘的水平距离和躯干的重心到腰椎间盘的水平距离都明显要大于 5cm，假设这两个数值分别为 40cm 和 20cm，那么背部肌肉的力量等于物体的重量乘以 40 除以 5 加上躯干的重量乘

设计中的人机工程学

以 20 除以 5 的值。

背部肌肉力矩＝背部肌肉力×背部肌肉力臂（5N·cm）

　　也就是说，背部所受的力量是物体重量的 8 倍与躯干重量的 5 倍之和。可见人体背部所承受的力是巨大的。逆时针力矩算式还可以看出，当减小需要上举物体到腰骶间盘的水平距离，即所提的物体靠身体越近，同时缩短人体的重心与腰骶间盘的水平距离，即人体尽量保持直立的姿势，那么相对来讲腰背部所承受的力量就会越小。提重物时的错误与正确姿势如图 3-31 所示。

　　如图 3-32 所示，当人提举 5kg 的物体时，提举的方式不同，那么其腰部所承受的力则各不相同。第一种，物体离人体的距离最近，腰部所承受的力也是最低的，只有 450N。第三种，物体离人体的距离最远，腰部所承受的力也是最大的，达到了 950N。因此，在设计实践中，应该根据科学的施力方式来进行设计。

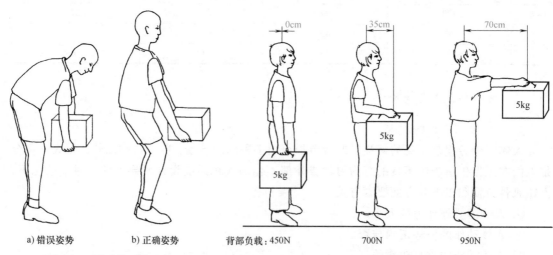

a) 错误姿势　　b) 正确姿势

图 3-31　提重物时的姿势

图 3-32　重物离人体的距离与人体受力情况

3. L4 和 L5 腰椎间盘的受力

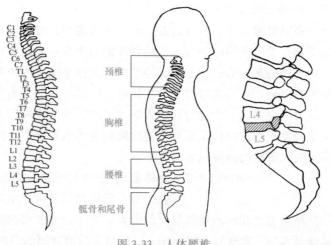

图 3-33　人体腰椎

　　除了考虑背部受力之外，还应该要考虑的是 L4、L5 腰椎间盘的受力情况。在整个腰背部的肌骨劳损中，处于腰椎的 L4 和 L5 节段是引起疼痛频率最高的位置。如图 3-33 所示为人体腰椎结构，腰椎的 L4 和 L5 节段是人体主要的受力位置，人体上身重量（人体总重量的 60%）都汇集在这个位置上，同时人体上身进行大幅度弯曲时，L4 和 L5 节段的活动范围在整个脊柱中也是活动范围最大的，并且此

部位所受到的肌肉和韧带的协助相对较少，人体的背部厚重韧带从上到下逐渐变窄，当到此

处时明显得变薄变窄，可见无论从人体生物力学还是解剖学的角度来看，腰椎的第 L4 和 L5 节段在整个腰背部中都是最容易受到影响的位置。

L4 和 L5 腰椎间盘的受力是整个腰背部受力最大的地方，腰背部损伤有很大部分都是处在这两个节段的腰椎间盘受损，这两个节段的腰椎间盘作用力与反作用力是相等的。例如，当人在弯腰上举物体时（图 3-34），我们将向下的重力看成是一个顺时针的力矩。在不考虑其他外部力，如腹腔力等的情况下，这两个节段所受力的计算公式为

L4、L5 腰椎间盘的受力 = 物体重量×cosα＋躯干重量×sinα＋背部肌肉力

式中，α 是水平线和骶骨切线的夹角，骶骨切线和腰骶间盘所受压力是相互垂直的。

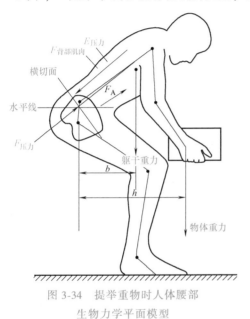

图 3-34　提举重物时人体腰部
生物力学平面模型

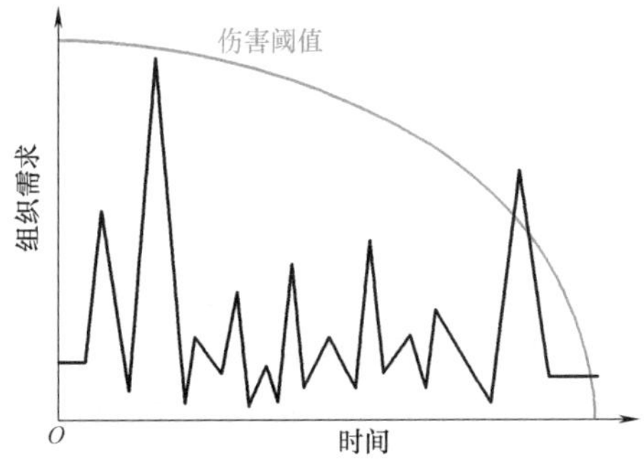

图 3-35　人体组织随时间变化受到
伤害的阈限（S. McGill）

该公式表明，人体的腰骶间盘所受的压力比肌肉的作用力更大，它除了主要受到腰背部的肌肉力影响以外，还受到水平线与骶骨切线夹角大小的影响。该夹角越小，其所受的压力越小，当人的背部处于直立状态时，其夹角是最小的。所以无论在何种条件下，人体的腰背部如果始终能保持直立的状态，腰背部承受的压力最小，有利于人体腰背部的健康。通过对腰背部不适问题的分析，在设计中合理地利用人体施力特征进行设计，对于人体的健康是十分重要的。

4. 基于人体施力特征的设计要点

基于人体施力特征进行设计最重要的两点是：避免高频重复动作和避免静态的施力。静态施力对人体的影响具有隐蔽性和伤害大等特点。要提高人体作业的效率，一方面要合理使用肌肉，降低肌肉的负荷。另一方面要避免静态的施力。所谓的静态施力是指长时间的静止用力，如将手臂水平举起并保持较长时间的不动。静态施力是容易引起骨骼和肌肉疲劳的一个重要因素，当静态施力不可避免时，在设计中应该考虑将所施力的大小至少减少最大肌力的 15%。如果作业动作是简单重复性的动作，肌肉施力的大小至少要低于最大肌力的 30%，以此避免肌肉的疲劳而导致损伤。图 3-35 所示为人体组织随时间变化受到伤害的阈限。同时还要根据不同的工作性质来确定不同的工作台高度以确保人体姿势能够处于较自然的状

态。不同工作性质与工作台高度的关系如图 3-36 所示。

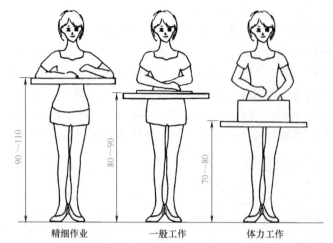

精细作业　　　　一般工作　　　　体力工作

图 3-36　不同工作性质与工作台高度的关系（NIOSH）（单位：cm）

总结而言，基于人体施力特征进行防护性设计时要注意以下几点：

① 避免过多的弯腰和其他不自然的身体姿势。

② 避免长时间的抬手作业。长时间的抬手作业容易导致疲劳，降低操作精度，同时会影响工作效率。

③ 坐姿状态比立姿状态更加省力。要根据特定的需要来设计合理的坐姿，并减少频繁的走动，以达到降低疲劳的程度。

④ 考虑操作时两手的相互协调性。特别是手的运动方向应该是相反的或者是做对称的运动。

⑤ 根据工作的任务和人体的关系来确定工作台面的高度。例如，做机械化操作的台面的高度要大于其他工作方式的台面的高度。

⑥ 工作环境的布置要考虑到工具和其他设施使用的频率。根据操作的频率来确定相关的工具和零件布置的位置，保证人体在最小的活动范围里能够进行更好的操作。

⑦ 考虑使用支撑物对悬空人体部位的支撑。例如，对肘部、前臂等进行支撑可以减少疲劳程度。

这些都是在人体施力过程当中应该要注意的要点。在具体的设计实践中，还应该根据具体情况进行具体的分析。但是总的原则是，根据人体的结构和施力特征来减少人体各个部位施力的大小和动作频率，避免由于不恰当的施力方式导致对人体的影响和伤害。

第 4 章

人体感知与信息处理

4.1 人体感觉特性

人体的信息的加工过程一般分为四个环节：感觉、知觉、思维决策和决策执行。当然在这个过程当中还有其他的一些要素，如注意、记忆、联想和想象等贯穿其中。感觉是人对于信息加工的基础环节，感觉的加工过程是通过人的各种感受器官来完成的，被感觉到的信息会引起人的知觉加工过程。当我们看见一个苹果时，我们的感受器能够感觉到它的形状、色彩和味道这些基本信息，这些基本信息会引起人的知觉，判断其是苹果还是其他什么东西。信息通过知觉的加工处理以后要么被记忆，要么会进入更复杂的加工过程，即思维和决策。

感觉可分为外部感觉和内部感觉两大类，日常中提到的视觉、听觉、嗅觉、味觉以及触觉属于外部感觉。外部感觉通过人体外部的感觉器官来完成，而内部感觉反映的是人体内部的一些现象，如我们常说的平衡感、冷暖的感觉、运动感等。现实中感觉器官和感觉器官总是相互协调共同作用的。例如，味觉与嗅觉就是一对密不可分的感觉，当人们吃东西，喝饮料时，食物和饮料会释放出蒸汽，而这些气体首先会被鼻子闻到，从而产生对食物的期待，这些蒸汽也会从口腔中释放出来，如图 4-1 所示。试想一下，如果在吃饭的时候将鼻子捏起来会是何种效果？肯定是味觉也会受到一定的影响。

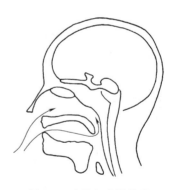

图 4-1　嗅觉与味觉具有
相互影响的作用

又如，触觉的主体感觉器官是皮肤产生的肤觉，同时人体内部感觉中的运动感觉也对触觉产生一定的影响。此外，所有的外部刺激信息都是依靠人体的感受器来接受的，外部感觉器官是受人体的外周神经系统控制的，外周神经系统是相对于中枢神经系统而言的（图 4-2），人体的外周神经系统按照其与身体各个器官的功能关系，分为体神经系统和自主神经系统。

体神经系统是指分布在四肢和外部感觉器官上的神经系统。体神经系统在一定程度上是能够受人的意志支配的。自主神经系统分布在人体的内脏器官、血管和腺体等上面，并起到支配心肌、平滑肌和各类腺体活动的作用。自主神经系统分为交感神经系统和副交感神经系

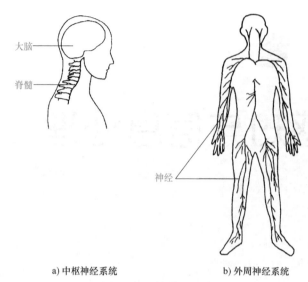

a) 中枢神经系统　　　　　　　　　　b) 外周神经系统

图 4-2　人体神经系统

统，它们是相互制约、协调和支配的，人体内部器官的自我调节主要依靠自主神经系统，如交感神经系统兴奋的时候，心率会加快，血压会升高，相反当副交感神经系统兴奋的时候，心率会减慢，血压也会降低。一般而言，自主神经系统是不受人的意志支配的。

4.1.1　感受器

人体的感受器是相互分工协作的，每一种感受器只对一种类型的刺激特别敏感，即这种感受器的适宜刺激。例如，眼睛的适宜刺激是光，眼睛可以鉴别色彩、形状、位置、运动等；耳朵的适宜刺激是声波，耳朵可以辨别声音的强弱、快慢以及方位。其他的感受器，如鼻、舌、皮肤都有与之对应的适宜刺激，见表 4-1。

表 4-1　人体感受器与其适宜刺激

感受器	适宜刺激	鉴别
眼	光	色彩、形状、位置、运动等
耳	声波	声音的强弱、快慢、方位等
鼻	挥发于空气中的气味	各类气味的性质、强弱等
舌	附着于物体上的味道	各类味道的性质、强弱等
皮肤	物理、化学现象作用于人体	各类触觉、痛觉、冷暖等的强弱

4.1.2　感受性、感受阈

人在感觉外部刺激的时候通常会存在感受性和感受阈的问题。

1. 感受性

感受性是指人感受特定的刺激信号的能力。感受性分为绝对感受性和差别感受性。绝对感受性是指感受器官能够感受到相关刺激的最小量。差别感受性是指感受器官能够感受和分辨出相关刺激间的细微差别的能力。

2. 感受阈

感受阈是感受器所能感受到的限度。感受性和感受阈是相互关联的。

感受阈限分为绝对感受阈限和差别感受阈限。与绝对感受阈限相对应的是绝对感受性，与差别感受阈限相对应的是差别感受性。

1）绝对感受阈限。感受器能够感受到与之适宜的刺激，但是这些刺激的信号要达到一定的强度才能够被人正常有效地接收，该强度就是绝对感受阈限。它是引起人感觉的最小刺激强度。例如，一支羽毛落在人的头上是不会被察觉的，这是由于羽毛的重量太轻，没有达到感受的绝对阈限。对于成年人而言，当物体的重量小于 3g 时，很难感觉到它的存在。3g便是人们所能感受到的绝对感受阈限值。在晴朗的夏季点一根蜡烛，当蜡烛离人一定的距离远时，视觉就很难感觉到其烛光，这是视觉的绝对阈限。

2）差别感受阈限。对于刚好能够引起人们对于感觉刺激强弱差别做出判断的最小刺激量，称为差别感受阈限。例如，在比较两个物体的重量时，10g 的物体和 13g 的物体之间的重量差别刚好能够引起人们对它们差别的判断，3g 差值便是差别感受阈限。需要注意的是人体的差别感受阈限并不是一个固定不变的数值。例如，人们能够感受到 10g 与 13g 物体重量的差别，但如果是 1000g 与 1003g，同样是 3g 的重量差别，人们就很难感受到它们之间的不同。德国著名的生理学家韦伯曾经提出：差别感受阈限是与刺激的初始量成正比的。即差别感受阈限除以刺激的初始量等于一个常数。这个常数用 K 来表示，即韦伯分数。

$$\frac{\Delta I}{I} = K$$

式中　ΔI——差别感受阈限；

I——刺激的初始量；

K——韦伯分数，光觉 K 值大约是 1/100，声觉 K 值大约是 1/10，重量感觉 K 值大约是 3/10。

10g 与 13g 人们能够感觉到它们之间的差别，而 1000g 和 1003g 人们却感觉不到其差异性，按照韦伯定律公式可以计算出，1000g 与 1030g 时，人们才能感觉到两个物体重量的不同。

由韦伯定律，可以看到视觉和声觉的 K 值相差近 10 倍，这说明视觉可以对微小的差异进行分辨，而听觉相对来说则比较迟钝。不同的感觉间其感觉的灵敏程度是不一样的。这有助于我们在特定的环境设计过程中合理地考虑声和光等的关系问题。韦伯定律所反映的是感觉刺激处在中等强度范围内时的情况。即韦伯分数所能反映的是非极端的情况，当刺激的强度过弱或过强时，K 值会显著地降低。例如，气温为 15℃ 和 20℃ 人们对其差别的感受与气温为 35℃ 与 40℃ 时人对气温差别的感受是有很大不同的。气温越高人们对于气温差别的感受就会越低。又如，当闪光频率在 50Hz 以下时是很容易被人们的视觉所感受到的，但是当闪烁频率达到 60Hz 及以上时，人的视觉则很难感受到闪光的频率，这实际上是受到了人的感受能力的限制。

德国另一位心理物理学家费希纳在韦伯定律的基础之上提出了刺激强度与感觉强度是对数关系的理论。就是说感觉的变化比刺激强度变化得慢，感觉量与物理刺激量的对数成正比。感觉量的增加明显落后于物理量的增加，当物理量成几何级增长的时候，感觉量却是成

设计中的人机工程学

算数级增长的。这便是费希纳定律，也称为韦伯-费希纳定律（图4-3）。其计算式为

$$S = K \lg R$$

式中　S——感觉强度；

　　　K——常数；

　　　R——刺激强度。

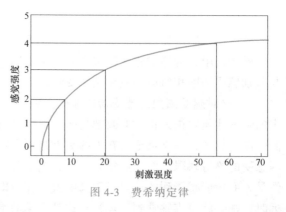

图4-3　费希纳定律

费希纳定律对于设计实践有着重要的指导性意义。例如，依据费希纳定律，人们发现人对于光觉的感受，物理刺激量每增加10倍，人的感觉强度只提高1倍。因此，室内灯光设计时不能一味地通过提高光照强度来解决照明的问题。当光照强度达到一定水平后，要进一步提高人的光觉感受性，可以通过对光照度的均匀度、主光源和辅助光源的协调配置来实现。

另外，还需要注意的是感受性和感觉阈限在数值上是成反比关系的，即人的感受性越高，感觉的阈限则越低。反之，人的感受性越低，感觉的阈限则越高。

4.1.3　感觉特性

1. 感觉适应

当感受器长时间持续地接受一种强度恒定不变的刺激时，感受器对这种刺激的感受力会逐渐地降低甚至消失。正如平日里所讲的"熟视无睹""久闻不香"这些词语，虽然是对某种心境的描绘，但从客观层面上讲也是对于感觉适应的描述。

当人从明亮的环境进入较暗的环境中时，需要一段时间去适应周边的暗环境，人们把这种情况称为视觉的暗适应。与之相反，当人从暗环境进入亮环境时，人的眼睛也需要一定时间去适应，这便是视觉的明适应。通常情况下，视觉明适应所需要的时间要短于暗适应。

感觉适应在现实生活中多起到消极的作用。例如，暗适应和明适应。当驾驶汽车驶入驶出隧道时，就容易出现相应的暗适应和明适应的问题。通过对周边环境进行合理的设计，如增加隧道里的亮度或改善隧道入口和出口处的周边环境而达到调整光环境的目的，以降低人们明适应和暗适应的时间，保证驾驶的安全。

2. 感觉对比

同一感受器官对于多个强度不同，作用形式不同的同种类型感觉刺激的感受是有差异的，这种差异即感觉对比。感觉对比分为感觉同时对比和感觉前后对比。

1）同时对比。例如，同样灰度的色彩，当把它置于深色的背景中和浅色的背景中时，人的感受是不一样的。当置于深色中时，灰色会显得更亮；当置于浅色中时，灰色会显得更暗，如图4-4所示。这是感觉的同时对比在发生作用。

2）前后对比。当两个或多个刺激物在一定时间范围内先后作用于人的感受器官时，人的感觉会产生前后对比。例如，当吃了甜食后再吃其他甜的水果时，

图4-4　明度对比关系

就很难感受到水果自身的甜味，这就是味觉的前后对比在发生作用。

3. 感觉暂留

当刺激的信息停止时，人的感觉并不会立刻消失，它还会存在一段时间，人们把这种现象称为感觉暂留，也称为余觉。例如，当人持续地盯着一个光源看一段时间之后，闭上眼睛这个光源并不会马上从眼睛里消失，而是会持续一段时间。持续时间的长短与光源刺激的强度、刺激的时间长度有关系。通常情况下，感觉暂留的作用多是消极的。所以通过设计来减少感觉暂留对于感觉真实性是十分重要的，如生产中防护用的墨镜设计等。

4. 感觉补偿

当人的一种感觉受器官的能力受到限制时，其他感觉器官的感觉能力会相应上升，这种现象称为感觉补偿。例如，盲人的听觉就相对比较发达，而聋哑人的视觉则更加敏锐。当然普通人的某种感觉能力受到暂时性限制时，其他感觉器官的能力也会提高进行补偿，只是相对提高幅度要小一些。感觉补偿的特点在无障碍设计中是被关注的重点。

4.2 人体知觉特性

感觉是对外部刺激信息的察觉，是心理活动的开端。知觉是在感觉基础上，对感觉到的刺激信息的系统性认知和把握，知觉是更高级的心理活动。如果说感觉所反映的是刺激信息的特殊性和具体性的方面，那么知觉就是对刺激信息的提炼、抽象和综合性的认识。即知觉是人脑对客观事物的整体性的主观认识与反应。感觉与知觉是密切联系的，感觉越丰富，感觉到的刺激信息属性越精确，就越有利于人的知觉的完整、准确。感觉虽然是知觉的基础，但在实际心理活动中，感觉与知觉多是交叉交替作用的，即感觉与知觉是相互作用、相互促进的，感觉为知觉提供了认知的信息，而知觉会协助提升感觉的能力。所以在心理学中把感觉和知觉统称为感知觉。为了便于学习，在书中还是将其分开来进行叙述。

4.2.1 知觉的种类

知觉一般分为空间知觉、时间知觉和运动知觉三种。它们分别反映的是客观事物的空间特性、时间特性和运动特性。

1. 空间知觉

空间知觉指的是人对物体的空间特性的知觉。物体在空间中具有形状、大小、距离和方位等特点，由此知觉会相应产生形状知觉、大小知觉、距离知觉、体量知觉和方位知觉。

2. 时间知觉

时间知觉是人对时间的知觉。时间知觉主要通过与过去进行比较从而对时间的进程产生认知。外部环境的变化也能够使人产生时间知觉。例如，太阳、月亮的移动能够让人感知到时间的变化。

3. 运动知觉

运动知觉是人对物体运动特性的知觉。事物往往是处于运动中的，且运动的形式与过程是较复杂的，而知觉是能够认知到运动的细节的。

空间知觉、时间知觉和运动知觉是紧密联系的。没有对空间的知觉也就谈不上对运动的知觉，没有对运动的知觉则不可能有时间知觉，所以本质上知觉是人对外部事物的整体性认知，这种整体性不仅反映在认知内容和结果的整体性，也反映在认知过程的整体性上。

除此以外，经验对于知觉的影响也是明显的。人的知觉除了基于感觉外，还有赖于继往的经验。来自不同地区、不同文化背景的人对同样的事物产生有差异的认知，这种现象并不少见，因为人的知识经验不同对其所产生的知觉会有很大的影响。

4.2.2 知觉对信息的处理过程

知觉对于信息的处理是有其加工过程的。

1. 自下而上与自上而下的信息处理

所谓自下而上的知觉加工处理方式，是指认知从小的信息单元开始加工，然后过渡到大的信息单元。就像人们在读文章时，逐字逐句地读，在对每句话理解的基础上形成对文章的整体性认识，这便是一个典型的知觉自下而上的信息加工过程。在知觉的外部环境良好的情况下，人会倾向于自下而上的信息加工过程。知觉的自下而上的信息加工称为知觉的数据驱动加工。

知觉的自上而下的信息加工过程是从一般的概念性知识开始的。例如，当读文章的时候先读它的简介，在大致了解其核心内容后再读全文，就会形成对文章的假设和期望，这就是一种知觉的自上而下的信息加工。当面对陌生事物，或者有外部条件限制时，人的知觉往往会倾向于自上而下的信息加工。知觉的自上而下的信息加工又称为知觉的概念驱动加工。

这两种知觉加工过程信息是相互协调的。在大多数的知觉过程中，既会有自下而上的知觉加工过程，也会有自上而下的知觉加工过程。这与很多原因有关，但主要与人的知觉能力以及知觉对象的属性有关。当然两种知觉过程在不同的知觉活动中所占的比例是不同的，不同条件下的知觉过程是有侧重的。在知觉条件良好的情况下，知觉加工过程大部分是自下而上的，而在条件恶劣的情况下知觉加工则以自上而下的加工过程为主导。就如同读英文句子，当对所读句子的单词都认识时就会逐字逐句地去阅读，而在某些单词不认识时则需要通过结合上下文来理解句子的意思，这两种情形对于每位阅读者在每次大篇幅阅读中都会遇到，这就是一种知觉的加工过程中自下而上和自上而下同时作用的情况。

2. 整体与局部的信息加工

除了自下而上与自上而下的信息处理外，知觉加工还存在着整体加工与局部加工的信息处理方式。

整体都是由无数个局部构成的，对于设计的形式而言，人能够快速、准确地区分出不同形式的细微差别。如图4-5所示，同样是线型，对于直线、曲线和斜线都有不同的神经元对其进行反应，这些神经元在生理学中称为特征觉察器。这说明知觉是有生理基础的。

对于整体与局部的知觉关系问题，即先知觉整体还是先知觉局部的争论历来是激烈的。实验心理学家奈文（Navan）曾经做了一系列的试验试图解释这个问题，他认为整体的特征是先于局部的特征被知觉的，即知觉的整体加工是先于局部加工的，也就是说知觉是从整体到局部的，如图4-6所示。支持这种观点的学者居多。从设计的角度来讲，通常是从整体到局部的设计流程，这与人们更习惯从整体到局部的知觉习惯有一定关系。

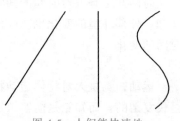

图 4-5 人们能快速地区分不同的线型特征

图 4-6 知觉的整体与局部关系图

知觉对于信息的加工在心理学中有很多深入的研究,其中格式塔心理学中有关图形认知等方面的内容与设计学的关系是最密切的。

4.2.3 格式塔

格式塔心理学派的创立者们认为整体不是局部简单累加的总和。格式塔阐明的规律是部分如何组成整体的,以及为什么事物中有的部分会成为人们知觉的对象,而有些部分会成为知觉的背景。这涉及格式塔心理学派对知觉的组织原则,归纳起来主要有以下几点:

1. 图形与背景的关系原则

当人们在观察事物时,事物中有的部分比背景更突出,从而形成图形(主体)与背景的关系,如图 4-7 所示。

2. 接近与邻近原则

接近或邻近的物体更容易被人们知觉为一个整体,如图 4-8 所示。

图 4-7 图形与背景的认知关系

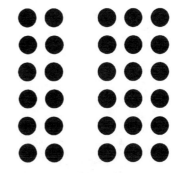

图 4-8 接近与邻近的图形容易形成整体认知

3. 相似性原则

物体、图形等的形状、大小、色彩以及强度等物理属性在某些方面较为相似时,更容易被人的知觉组织成一个整体来看待,如图 4-9 所示。

4. 封闭性原则

有些图形和物体可能不是闭合的形状,但是其主体上有闭合趋向,人们会习惯性地将残

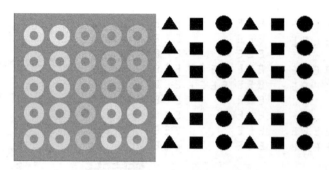

图 4-9 相似的图形容易形成整体认知

缺部分进行填补，并将其知觉为完整的整体，如图 4-10 所示。

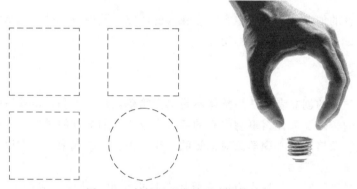

图 4-10 封闭图形容易形成整体认知

5. 共方向的原则

当知觉的对象里有部分要素向着共同的方向运动，这些共同运动的部分更容易被知觉为一个整体，如图 4-11 所示。

图 4-11 同样方向的图形容易形成整体认知

6. 熟悉性原则

当知觉一个复杂的对象时，且没有特定的要求，人们更倾向于把它看作是有组织的、简单的、规则的形式，如图 4-12 所示。删繁就简是人的认知特点，并且人们总是试图从既有的经验中去寻找对新事物的解释。

图 4-12　熟悉的图形容易形成整体认知

7. 连续性原则

当知觉的对象某些部分能被看作连接在一起时，会更容易被知觉为一个整体，如图 4-13 所示。

图 4-13　连续的图形容易形成整体认知

4.2.4　知觉的基本特性

1. 整体性

知觉习惯将部分和局部看成是有一定结构的统一整体。但是在知觉熟悉对象与不熟悉对象的时候情况是不一样的。当知觉熟悉对象时，只需要知觉其个别的或主要的特征，就可以根据之前累积的经验来认知事物其他的属性，从而在整体上去认知与把握。而在知觉不熟悉的对象时，知觉的整体性趋向于认识具有一定结构意义的整体，如相互接近的物体就容易被知觉为一个整体。

影响知觉整体性的要素有以下四点：

1）形式的相互接近。

2）知觉对象的某些属性具有相似性，如形式、色彩、大小等。

3）封闭性。

4）连续性。

设计中的人机工程学

这和前面所谈到的格式塔心理学对于知觉的组织原则是相似的。

2. 选择性

知觉将对象与背景区分开来，这是知觉的选择特性。从知觉背景中区分出对象是有一些先决条件的。

1）对象和背景的差别。对象与背景的差别越大，就越容易将知觉的对象与背景区分开来。这些差别包括颜色、形状、大小等。曾经有心理学家做过这样的试验：他在白纸上面画了一个圆点，然后问大家看见了什么，几乎所有人都说看见了一个圆点，而很少有人说看到了一张白纸。这就是一个由于对象与背景的差别较大而引导知觉对象的选择的案例。

图4-14　少妇与老妇

另外需要强调的是，在同一时间里知觉只能知觉一个主体对象。例如，少妇与老妇（图4-14）的图形中，当我们在这个图形中知觉到少女图形时，就很难知觉到老人的形象，当我们知觉到老人的形象时，也就不能知觉到少女的形象，这是一个典型的双关图形，它说明了知觉对象过程中知觉在同一时间只能选择一个主体的知觉对象。

2）移动的物体更容易成为知觉的对象。在一组事物中处于运动状态的物体相对于静止物体更容易被人们所关注。

3）主观因素。知觉过程中，任务、目的、知识、经验、兴趣和情绪不同会影响到人们对于知觉对象的选择。

3. 理解性

知觉往往是基于既有的经验来理解当前的知觉对象，这被称为知觉的理解性。当知觉事物的时候，相关的知识经验越丰富，那么对于这个事物的认知也就越丰富越深刻。但同时要注意到，不确切的经验会导致人们在知觉过程中对知觉对象的歪曲，这就会产生错误的认识。例如，对于同样的一个图形不同的人可能会将其知觉为不同的物体（图4-15），这说明所给出的原形刺激物的语言表述是不确切的，因此在进行设计实践中要将知觉的信息表述得更加清晰和完整，以避免受众的误解。

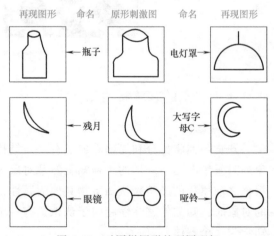

图4-15　对同样图形的不同理解

4. 恒常性

知觉的恒常性是指知觉的条件在一定范围内变化时，知觉的印象保持不变。人的经验对于知觉的恒常性起着至关重要的作用，因为人总是根据记忆中的印象、知识、经验去知觉对象。

视知觉的恒常性包含以下几个方面：

1）大小的恒常。当人们在看处于不同距离的物体时，这些物体在视网膜中所呈现的大小是有差异的，但是人们不会因为这种距离上的差异来判断物体实际的大小，也就是不会因为远处的房屋相对于近处的人小，而认为房屋真的小。

2）形状的恒常。当知觉对象角度变化时人们并不会因其位置与角度的变化而对物体形状产生错误的判断。正如我们并不会因房门开关时的角度不同产生形状变化而认为门的外形不是矩形，如图4-16所示。

图 4-16　人对不同状态的门的形状认知是不变的

3）明度的恒常。当知觉的对象在不同的光源照度下面其明度会发生变化，但人们并不会因为这种明度的变化而错误地判断其真实的明度水平。例如，黑色的煤炭在光照充足的白天和黑暗的夜晚，所呈现出来的明度是有差异的，在白天其明度较浅，更接近灰色，而在夜晚其明度会更深，但这都不会阻碍人们判断其是块黑色的煤炭这个事实，如图4-17所示。

图 4-17　在不同光源条件下人对煤炭是黑色的认知不变

4）色彩的恒常。当物体受到周边光源色的影响的时候人们并不会因为周边环境色的影响而失去对物体固有色的判断。就如一个红色的苹果在不同颜色的光线照射下所呈现出来的色彩是不同的，但是这并不会影响人们对于其红色的判断。对于初学绘画的人而言，往往只会画出物体的固有色，这是由于他没有绘画的经验而单凭人的一般性知觉的缘故。

5. 错觉

知觉会存在对外部事物不正确的认知即"错觉"。

错觉是知觉恒常性颠倒，如图4-18所示为几何图形的视错觉。产生错觉的原因目前还不是非常清楚，但是错觉是可以为设计实践提供帮助和方便的。例如，可以通过浅色来表达物体的轻便性，用深色来加强稳固性的感觉。还可以利用错觉来引导人们在生活中避免一些不安全事故的发生。例如，利用错觉来设计各种交通图形。在地面上画出让人产生突起错觉的图形以降低汽车驾驶员在通过特定区域时的行驶速度，如图4-19所示。

4.3　注意与记忆

注意与记忆是认知心理学里非常重要的内容，它所涉及的内容较多，本节中基于与设计的关系紧密程度有选择性地探讨注意和记忆的问题。注意指的是人对加工信息的选择。注意

設计中的人机工程学

实际是对心理资源的一种占用。比如从同时呈现的多个知觉对象或思维的序列中选择注意对象的过程。所以注意的核心实际就是意志的集中与专注。

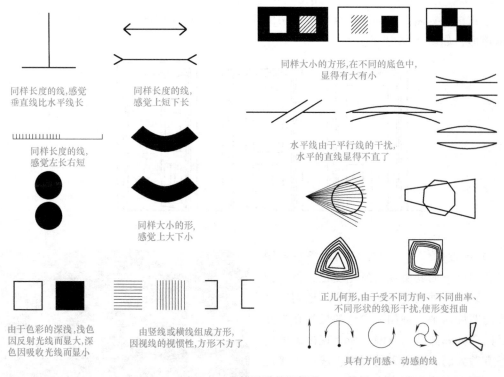

同样大小的方形,在不同的底色中,
显得有大有小

同样长度的线,感觉
垂直线比水平线长

同样长度的线,
感觉上短下长

同样长度的线,
感觉左长右短

同样大小的形,
感觉上大下小

水平线由于平行线的干扰,
水平的直线显得不直了

由于色彩的深浅,浅色
因反射光线而显大,深
色因吸收光线而显小

由竖线或横线组成方形,
因视线的视惯性,方形不方了

正几何形,由于受不同方向、不同曲率、
不同形状的线形干扰,使形变扭曲

具有方向感、动感的线

图 4-18　几何图形的视错觉

图 4-19　视错觉的应用

4.3.1　注意

1. 注意的特性

当信息进入人脑后,哪些信息能够被选择,哪些信息会被过滤掉,这是受到任务的不同,人的需求不同,以及人的经验和主观等因素影响的。总结起来注意的特性大概有以下三种:

1) 注意的范围(注意的广度)。注意范围的大小随着注意对象的特点不同而不同。注

82

意的对象所呈现的时间越长，注意的范围或者说注意的广度也就越大。但是在时间一定的情况下，注意的范围是有一定限制的。同时当注意的对象具有相似性、规律性与合理性等特点时，会有助于扩大注意的范围。另外当注意对象的组合方式不同或其附加信息量不同时，注意的范围也会发生变化。注意的范围还受到人们后天学习和训练的影响。人的知识与实践经验越丰富，其注意范围越广泛。

2）注意的持续性。注意的持续性是指注意的主体（人）对注意的对象不断变化的刺激信息能够清晰地集中意识的时间长短。主观上人们总是希望能够更长时间地保持注意，但是实际上人能够注意的时间是有限的，即便在持续注意过程中也会存在没有被注意到的瞬间，这说明注意往往并不能够持续，即注意具有不稳定性的特点。这种不稳定的特点实际是人的大脑皮层的一种自我保护的机制，其目的是为了防止精神疲劳。例如，一节课的时间是45min，这是根据人的注意持续性来确定的，即便是训练有素的学生其能够保持的注意持续时间也不会超过90min，所以在不少大学里一讲课的时间通常由两节课即90min构成。

3）注意的选择性。一般而言，人对信息的处理过程是从外部刺激到人感知。对于信息的选择则是判断决策和执行的范畴。各种外部刺激通过人的感觉器官输入，输入的信息首先被短时记忆保存下来，被暂时保存的信息是否被中枢神经清晰地认知还要受到"选择过滤器"的制约。"选择过滤器"相当于一个开关，外部刺激信息通过它的过滤后，只会有一部分信息能够进入人的大脑，而另一部分信息则被过滤掉。这与人的信息处理能力有关，也能够避免中枢神经的信息负担过重。

2. 注意的分类

1）无意识注意和有意识注意。无意识注意是指没有预定目的不需要进行意志努力的注意。它是由周边环境变化而引起的。而与之相反的有意识注意是人主观意志努力的注意，如听课、开会等。

2）主动性注意和被动性注意。主动性注意是一种自上而下的认知加工方式。而被动性注意是自下而上的认知加工方式。

3）集中注意和分散注意

3. 影响注意的因素

通常情况下，影响注意的因素主要有以下两个方面：

1）人自身的努力和生理方面的因素。

2）客观环境的影响。

注意有一定的范围，在同一时间内能够被注意到的事物数量是有限的。例如，人的瞬间注意广度大概有7个单位。如果是毫无联系的数字或字母，人的瞬间注意一般不会超过6个单位。而相对简单的一些知觉对象，如黑色的圆点等，人的瞬间注意大概有8~9个单位。这是普通人的注意能力的范围。在设计实践中，要根据人的注意广度来进行相关的设计安排。例如，对于一些控制器的设计就应该根据人的注意的范围和广度来合理安排控制器按键的数量与位置。如图4-20所示为操作面板的按键数量设置。

通常情况下，当被注意事物的个性与周边环境反差比较大的时候，比较容易引起人的注意。例如，知觉对象本身体积比较大，或是形状比较显著，抑或是色彩比较艳丽的时候，比较容易引起人的注意。所以在设计中可以通过加强环境刺激信息的强度，或环境刺激信息的变化，或是延长注意的时间，以及采用新颖突出的形式等来加强引起注意的外部条件，以达到更容易引起人们注意的目的。如图 4-21 所示的交通指示牌设计就很好地考虑了影响注意的因素。

图 4-20 操作面板的按键数量设置

4. 注意与安全

在设计中，注意与安全的关系是特别值得关注的。

在工作和生产过程中，由于不注意而导致的各类事故所占的比率是比较大的。通过有效地设计来避免人们注意力的下降以保护人们的安全，是注意与设计的关系中非常重要的一环。

一般而言，引起不注意的原因主要有以下几个方面：

图 4-21 交通指示牌设计

1）外部刺激的干扰。外部刺激干扰特别是与任务内容无关的强烈刺激干扰对于注意的影响是很大的。当外部无关的刺激达到一定强度的时候就会引起人们无意识的注意，而这种无意的注意会引起注意对象的转移而导致注意力的下降。如果发生在涉及安全操作的过程中，便可能引发事故。例如，开车的时候打电话，有研究显示这会导致驾驶员的注意力下降30%甚至更多。所以在设计中，特别是对注意环境的设计，要重点考虑怎样去回避无关刺激的强干扰，这是保证人们集中注意的一个重要方面。

当然如果外界完全没有刺激或者刺激单调陈旧，人的大脑也是难以维持一个较高的意识水平状态的。即便是努力注意，随着时间的推移人的意识水平也会很快降低，并且会导致注意对象转移的情况。这告诉我们在设计的过程中，并不是一味地通过降低外部干扰就能够达到提高人们注意力的目的。设计实践中减小干扰可以通过协调注意对象与周边环境的关系来实现。汽车驾驶时打电话等无关驾驶的刺激信息会影响到驾驶员的注意力，但这并不意味着所有的情况下无关刺激信息对于驾驶安全都是有害的。例如，当驾驶员处在疲劳状态时，外部的声、光、振动等刺激信息反而会唤醒驾驶员的注意力。

2）注意对象信息的良好性。注意对象的设计不佳，特别是它不符合人们既有的行为模式时，在紧急情况下就可能导致人们反应缓慢出现操作失误，甚至影响安全。所以对于控制器、显示器以及操作系统，应该按照人们的行为习惯来进行设计，如果要改变既有的行为习惯和行为定式，就需要通过培训和锻炼以免造成人们的注意混乱。

3）注意的起伏。注意的起伏是指当人们在注意客体的时候不可能长时间地保持高意识的水平状态。这实际上是由人的生理特点和学习与训练的经历所决定的。注意往往按照间歇性的加强和减弱的规律变化。在高度紧张的工作状态下，意识所能够集中的持续时间则更短。比如在汽车驾驶的过程中，驾驶员需要保持注意集中，这个持续的时间通常情况下大概是在二到四小时，所以在长途驾驶中应该每两小时就要适当休息，以此来保证注意状态始终保持较高水平。

4）意识水平下降导致的注意分散。所谓的注意分散是指作业者的意识没有有效地集中在注意对象上。通常情况下是由于外部环境的条件不佳，或者是设施、设备与人的心理不相匹配，以及身体的疲劳等原因所引起的。注意分散在实际的作业与工作当中是十分危险的一个要素。由于注意分散所导致的各种事故较为常见。所以通过合理的设计避免注意力的分散对于保证作业的安全是十分重要且有效的手段。

4.3.2　记忆

1. 记忆的过程

除了注意以外，记忆也是一个非常重要的认知过程。记忆的过程可以分为四个阶段，识记→保持→再认→再现。

1）识记。识记按照生理心理学的解释是大脑皮层中暂时的神经联系也就是条件反射建立。而按照信息论的观点它是信息获取的过程。

2）保持。保持按照生理心理学的解释是暂时的一个神经联系的巩固。而按照信息论的观点它是信息的储存。

3）再认。再认按照生理心理学的解释是暂时神经联系的再活动。而按照信息论的观点它是信息的辨识。

4）再现。再现按照生理心理学的解释是暂时神经系统的再接通。而按照信息论的观点它是指信息的提取与运用。

2. 记忆的种类

1）有意记忆和无意记忆。有意记忆和无意记忆取决于记忆当中意志力的参与程度。有意记忆是具有目的明确、有意志参与、有计划、记忆效果较好、记忆内容专一、对于完成任务有利等一系列特征的记忆。与之相对的则是无意记忆。

2）机械记忆和意义记忆。机械记忆和意义记忆是按照记忆的方法来区分的。意义记忆是对于内容理解并灵活的记忆，这是一种方式较为复杂，记忆比较牢固，并且持久的记忆方式。与之相对的则是机械记忆。

3）内容区分的记忆。按照记忆内容获得的方式来区分记忆种类是常见的，如形象记忆、听觉记忆和动作记忆等。

4）时间区分的记忆。按照时间的特性将记忆分为瞬时记忆、短时记忆与长时记忆。在设计领域要特别注意按照时间区分的记忆方式。

① 瞬时记忆。瞬时记忆又称为感觉记忆、感觉储存或感觉登记。它是记忆的初级阶段，其对于记忆材料保持的时间极短。以视觉为例，视觉信息的材料保持的时间通常不会超过1s。当然时间长短还要根据记忆对象的物理特征以及形象的鲜明程度来确定。就听觉而言，材料的保持时间大概在0.25~2s，这比视觉要稍稍长一点。听觉信息的储存也称为回声记忆。

瞬时记忆可以储存大量的潜在信息，它所储存的信息内容比短时记忆要多得多，但是由于它记忆的持续时间太短，所以储存的内容往往还没有被人们所意识到就消失掉了，如果需要被人注意并进行辨识需要将瞬时记忆转为短时记忆。

② 短时记忆。短时记忆是指能够保持 1min 左右的记忆。短时记忆相较于瞬时记忆而言，它对记忆内容已经有了一定的加工过程。因此它属于有意识的记忆。短时记忆的容量根据个体的差异大概是在 5~9 个组块之间，这告诉我们在设计中应该按照人们的记忆能力来进行相关的设计。例如，在 App 的交互页面设计时，一组按键的数量如果过少则达不到信息传递的要求，如果过多则超过了人们的短时记忆能力，增加操作的难度。所以进行恰当的数量安排，有利于提高相关设计的品质。

③ 长时记忆。当短时记忆的内容被复述以后记忆的内容则有可能转入长时记忆。长时记忆一般是保持 1min 以上的记忆。通常情况下，需要对短时记忆的信息加以多次复述才能够进入长时记忆状态。当然现实生活中也有当印象特别深刻时，而一次性进入长时记忆的情况。长时记忆信息的编码主要是以信息的意义为主的。也就是信息内容应该要便于人们认知与理解。

瞬时记忆、短时记忆以及长时记忆是记忆时间过程的三个不同阶段。这三个阶段相互联系、补充，又各有特点，见表 4-2。

表 4-2　瞬时记忆、短时记忆和长时记忆的特点

瞬时记忆	短时记忆	长时记忆
单纯存储	有一定程度的加工	有较深的加工
保持 1s	保持 1min	大于 1min 以至终生
容量受感受器生理特点决定较大	容量有限，一般为 7±2 个组块	容量很大
属活动痕迹，易消失	属活动痕迹，可自动消失	属结构痕迹，神经组织发生了变化
形象鲜明	形象鲜明，但有歪曲	形象加工、简化、概括

④ 瞬时记忆、短时记忆以及长时记忆的作用。瞬时记忆通常是对内容进行全景式的扫描。为记忆提供选择的基础，同时为潜意识充实信息。短时记忆是一种工作记忆，它对特定时间的认知活动具有十分重要的意义。长时记忆是将有意义或有价值的材料长时间地保持下来，有利于经验的积累和对日后信息的再提取。所以在设计中对于记忆有一定的了解与认识，有利于为人们提供更有效的设计形式，提高工作效率。

4.4　信息的加工与处理

人和机发生相互关系的过程本质是信息的交换过程。人机系统可以把它类比成一种信息传递和处理的过程。

4.4.1　人机信息处理

人机信息处理过程分为以下四个部分，其信息处理系统如图 4-22 所示。

1. 信息输入

信息输入是人的感觉器官将外部刺激信息传输到人的中枢系

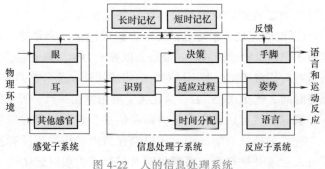

图 4-22　人的信息处理系统

统。这是识别、决策、适应的过程，还涉及信息处理的时间分配。当然信息处理过程还存在与记忆的关联关系。然后再由信息处理子系统进入到语言、行为等反应子系统。最后是决策与行为的输出。

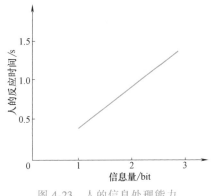

图 4-23　人的信息处理能力

我们可以将人的信息处理系统看成是一个单通道的有限输出容量的信息处理系统，在这个系统中对传入的信息进行识别，并做出相应的决策，在整个系统中信息的传递是维持整个系统有效性的关键。人的信息处理能力如图 4-23 所示。

人机工程学中所谈到的信息概念是类比的计算机的信息概念。在计算机中，信息是有严格定量的，计算机中信息量的基本单位是 bit（位）。bit 是信息的最小单位，是二进制数的一位包含的信息，每一 bit 可以代表 0 或 1 的数位。

常见的计算机信息单位：

1bit = 1 二进制数据

1B = 8bit

1KB = 1024B

1MB = 1024KB

1GB = 1024MB

1TB = 1024GB

1 字母 = 1B = 8bit

1 数字 = 1B = 8bit

1 符号 = 1B = 8bit

1 汉字 = 2B = 16bit

2. 感觉对信息的处理

感觉系统是用信息论的观点来研究神经系统功能的。人的反应时间与感觉刺激物的刺激量是直接相关的。

著名的"席克定律"对此有所阐述：当人所面临的选择增多的时候，所需要做出决策的时间会同等地增加，即

$$RT = a + b\log_2 n$$

式中　　RT——做决策的反应时间；

　　　　a——与直接决策无关的总时间，这个总时间主要是指前期对于相关事物的认知以及观察的时间；

　　　　b——对于选项认知的处理时间，这个时间是基于人的经验衍生出来的一个常数；

　　　　n——被选选项的数量。

根据这个公式，可以预测人们在做相关的选择和决定时所需要的反应时间。这也是人对于相关信息处理的反应时间。席克定律在交互设计中的运用是非常广泛的。在不少的交互界面设计过程当中都要考虑到人们对于相关信息的反应速度与时间的问题，那么以什么为依据呢，设计师可以通过席克定律来进行相关的计算。

設计中的人机工程学

3. 信息传递的速度

在人的信息传输过程当中另外一个重要的问题是信息传递的速度。人的信息处理系统是有一定限度的，这个限度主要表现在对于信息处理的数量方面。当用感觉通道的信息传递速率来进行描述时，信息传递速率是指信息通道中单位时间内所能够传递的信息的总量，即

$$c = \frac{h}{t}$$

式中　c——信息传递的速率；

　　　h——传输的信息量；

　　　t——信息传输的时间。

一般情况下，传送的信息维度越多，信息的传递速率越高。

如图 4-24 所示，单维度的色调、声调、响度等的信息传递速率要比多维度的声音、音响等低得多。这说明在特定的设计中适当采用多维度的设计方式，有利于提高信息传递速率。例如，既有形式又有相应的色彩进行配合就比单纯的图形信息传递的速率要快。

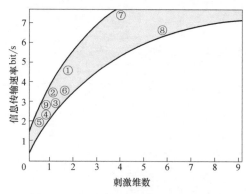

图 4-24　人的感觉通道信息传递速率
①一个区域的点 = 4.0bit　②一条线上的点 = 3.25bit　③色调（单维）= 3.1bit
④声调（单维）= 2.5bit　⑤响度（单维）= 2.3bit　⑥颜色（色调和饱和度）= 3.6bit
⑦声音（5 维）= 7.2bit　⑧音响（8 维）= 6.9bit　⑨高度（单维）= 2.7bit

在交通符号里有些特定的符号，如单一的三角形或圆形。如果将这样的图形配上特定的警示色，如红色与黄色，那么它的信息的传递速率就会更高，交通符号设计如图 4-25 所示。

图 4-25　交通符号设计

当然传递速率并不是无限增高的，通过图 4-24 可以看到不管多少种维度的传递方式，信息的传递速度基本上都是在每秒 10bit 以下。

在第 1 章中曾经介绍过第二次世界大战时期不少飞机在作战过程中由于驾驶员对仪表盘的误读而导致了很多飞行事故，这实际上就是由于信息过载所产生的问题。这也说明多维的

信息可能会提高信息传输的速率，但是如果超过了一定的量也会导致相反的效果。人的信息传递的速率并不是一个固定不变的数据。例如，视觉通道的信息传递速率大概是在 2.7～7.5bit/s。但是在不同情况又有很大的不同，如人在阅读过程当中信息的传递速率大概是 43bit/s，阅读一些电子信息的时候传递速率大概是在 70bit/s。可见在不同的传输通道和不同的信息载体下，人的信息传输速率是不一样的。

4. 人的信息传递的效率

人的信息传递率需要人与机信息传递的有效协同。当人的信息传递函数与机的传递的函数达到最佳匹配时就能够实现最高的人的信息传递效率，或者称为人机信息传递效率。

人在操作产品、设备时，与之对应的机器往往会有时迟的现象。所谓的时迟指的是当人进行操作时机器并不能立刻做出反应，总会存在相对滞后的一段时间，这段时间便称为时迟。

除此以外机器还会有阻尼。阻尼是机器波动衰减的特性。通常情况下机器的阻尼和时迟需要人的操作来与之配合，以实现和谐的人机关系。

4.4.2 人机信息交流匹配与设计

1. 人的传递函数与机的传递函数配合

人在操作活动中通常情况下一般只能完成相当于二阶微分及以下的运算，操作过程中所相当于运算的阶次越低，操作的效率则越高。二阶微分以上就属于高阶运算，如果人的操作相当于二阶微分以上的话，那么操作的效率就会降低且精度较差，而且更容易出现事故。那么在操作的过程中什么行为相当于二阶微分呢？下面来举例说明。在汽车驾驶过程中，驾驶员既需要转动方向盘来控制方向，又需要通过汽车的油门、制动等来操控汽车的速度，其中加速踏板控制的是汽车的加速度，加速度就是一个二阶微分的运算。而对于方向盘的操作，方向盘转动多大的角度那么汽车就会有相对应的转动角度，而且两者是成一定比例关系的，方向盘的转动就是一个比二阶微分更低的零级微分的运算。这样的操作对于人来讲会相对更加容易。总结而言，当人们在进行各类操作的过程中，信息传递的阶次越低，那么它的操作的效率就会越高，操作精确度也就会越高。

2. 人机特性比较

目前，多数产品、设备依然是由人来操作的，人机共存的现象在产品设计中是普遍的。好的产品是人机交流的有效载体，其能够高效协调人机各自的特性。人与机的特性比较见表4-3。

表 4-3 人与机的特性比较

项目	机器	人
速度	占优势	时间延时为1s
逻辑推理	擅长演绎而不易改变其演绎程序	擅长归纳，容易改变其推理程序
计算	快且精确，但不善于修正误差	慢且易产生误差，但善于修正误差
可靠性	按照恰当制造的机器，在完成规定的作业中可靠性很高，而且保持恒定，不能处理意外的事态，在超负荷条件下可靠性突降	就人脑而言，其可靠性远远超过机械，但在极度疲劳与紧急事态下，很可能变得极不可靠，人的技术水平、经验以及生理和心理状态对可靠性有较大影响，可处理意外紧急事态
连续性	能长期连续工作，适应单调工作，需要适当维护	容易疲劳，不能长时间连续工作，且受性别、年龄和健康状态等影响，不适应单调作业

(续)

项目	机器	人
灵活性	如果是专用机械,不经调整则不能改作其他用途	通过教育训练,可具有多方面的适应能力
输入灵敏度	具有某些超人的感觉,如有感觉电离辐射的能力	在较宽的能量范围内承受刺激因素,支配感觉器官适应刺激因素的变化,如眼睛能感受各种位置、运动和颜色,善于鉴别图像,能够从高噪声中分辨信号,易受(超过规定限度的)热、冷、噪声和振动的影响
智力	无(智能机例外)	能应付意外事件和不可能预测事件,并能采取预防措施
操作处理能力	操纵力、速度、精密度、操作量、操作范围等均优于人的能力。在处理液体、气体、固体方面比人强,但对柔软物体的处理能力比人差	可进行各种控制,手具有非常大的自由度,能极巧妙地进行各种操作。从视觉、听觉和重量感觉上得到信息可以完全反馈给控制器
功率输出	恒定,不论大的、固定的或标准的	147kW 的功率输出只能维持 10s,367.75kW 的功率输出可维持几分钟
记忆	最适用于文字的再现和长期存储	可存储大量信息,并进行多种途径的存取,擅长对原因和策略的记忆

3. 人的脑力负荷与设计

另外一个与人的信息传递密切相关的问题是人的脑力负荷。在工作中由于工作的压力、难度和时间等问题都会侵占人的脑力资源。这会导致人对于信息处理的反应能力降低,并造成人的脑力负荷过大,使人更加容易疲劳而降低效率,甚至导致各种伤害。有不少学者在对人的脑力负荷进行研究,其中奥尔德里奇(Aldrich)提出了基于视觉的脑力负荷表,见表4-4。

表4-4 Aldrich 模型视觉负荷表

负荷值	描 述
1.0	看到物体
3.7	区别看到的物体
4.0	检查
5.0	寻找
5.4	追踪视觉目标
5.9	阅读
7.0	不停地观察

奥尔德里奇认为标准脑力劳动负荷值应该在 0~7 之间。如果超过 7,对于人来讲脑力负荷就会过大。他将视觉的脑力负荷做了以下分类:

① 只看到物体,负荷值是 1.0。

② 区别所看到的物体,负荷值是 3.7。

③ 检查看到的物体,负荷值是 4.0。

④ 寻找看到的物体,负荷值是 5.0。

⑤ 追踪视觉目标,负荷值是 5.4。

⑥ 阅读，负荷值是 5.9。

⑦ 不停地观察，负荷值是 7.0。

基于以上视觉的脑力负荷值，通过建立数学计算公式来计算脑力负荷。脑力负荷等于任务当中多个行为的脑力负荷与环境公差相加的和。

例如，既要检查所看到的对象，又要不停地观察周边的情况，这样的一个视觉的脑力负荷值就会是 4.0+7.0，同时再加上环境的公差，那么这个数值就会明显地大于 7。通常情况下环境设置为理想的状态，因此公差多数是忽略不计的。

例如，微波炉、电烤箱等的设计，它的控制面板里面就会有各种各样的信息，如微波、光波、解冻、烧烤、煮饭、蒸饭等，以及与之相配的时间和强度等，如图 4-26 所示。这些信息都集中在一个很小的面板上，大量的信息会给人带来巨大的脑力负荷使人感到无从着手。基于此，在设计的过程中应该通过有效的信息编码来提高信息传输的准确性和效率。

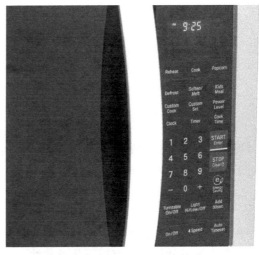

图 4-26　微波炉控制面板设计

表 4-5 比较了各种编码的形式，当进行辨识时，数字、字母和斜线相对更容易被辨别。而在搜索定位时，颜色的表现则更佳。在计数的过程中数码、颜色、形状则更优。当然编码的优劣与工作的环境与条件也是有一定关系的。例如，在进行对象辨认的时候，如果时间是不限定的，那么颜色相对于斜线来讲辨认效果会更好。而如果时间很短，则斜线优于颜色。由此可见，在具体设计过程中，必须根据具体的情况来进行合理的编码，以使信息高效、准确的传递。

表 4-5　图形编码的优劣

所用的标志或符号种类	工作性质及条件	较好的符号或标志(按优劣先后排序)
颜色、斜线	辨认(时间不限)	颜色
数码、颜色、斜线	辨认(短时呈现)	数码、斜线
数码、斜线、椭圆、颜色	辨认(短时呈现)	数码、斜线
数码、字母、形状、颜色、图案	辨认	数码、字母、形状
颜色、形状、大小、明度	搜索定位	颜色、形状
数码、字母、形状、颜色、图案	搜索定位	颜色、数码
颜色、数码、形状	搜索定位	颜色、数码
颜色、字母、形状、数码、图案	比较	无明显差别
颜色、字母、形状、数码、图案	验证	无明显差别
颜色、字母、形状、数码、图案	计数	数码、颜色、形状
颜色、军用图形、几何图形、飞机图形	目标搜索	颜色、军用图形(如雷达、飞机等图形)
颜色、数码、颜色加数码(颜色卡片上印有数码)	辨认(短时呈现)	颜色加数码、数码、颜色

第 **5** 章

视觉与设计

5.1 视觉特性

视觉是人非常重要的信息输入通道，人的80%以上的信息都来自于视觉。可想而知视觉对于人来讲是非常重要的。

5.1.1 视觉的基本特性

在不同的环境中，不同的人和不同的刺激反应，所显示出来的视觉特性是有差异的，但是总结起来视觉特性大致有以下几点共性：

1. 光的知觉特性

光是人们认识世界的一个重要媒介，也是视觉的物质基础。光的本质是电磁波，人的眼睛可以感受到红外线与紫外线之间的光谱，这个范围大约在 380～780nm，如图5-1所示。人对于光的刺激反应具有分辨能力、适应性、敏感程度、可见范围、变化反应以及立体感等一系列的光学特性。

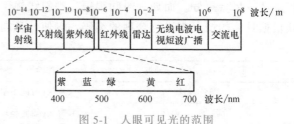

图 5-1　人眼可见光的范围

2. 颜色的知觉特性

颜色的本质和光波是一样的，都是不同频率的电磁波。不同颜色的波长在可见光的范围内有所不同。在可见光范围内，人能够识别的颜色主要分为红、橙、黄、绿、青、蓝、紫。人对于颜色的反应主要表现在对颜色基本特性的知觉上。例如，色调、明度以及颜色的饱和度等。同时也反映在对颜色的心理表现上，比如不同的颜色给人以不同的心理感受。

3. 形状的知觉特性

对于形状的知觉特性，在前面章节里面已经有过较多的讲解。形状知觉是人对物体形状的认识。人对物体形状的认识开始于对物体原始形状特征的分析与检测，这些原始形状特征包括点、线、面、角度、方向和运动等。

4. 质感的知觉特性

所有的物体表面都会存在质感和质地（图5-2）的差异性。视觉对于各种材料的光洁程度、柔软程度等有较准确的反应。在光线条件良好的情况下，不依靠触觉，视觉也能够辨别不同材料的特性。当然这与视觉经验和感觉记忆也是有一定关系的。

图 5-2　材质的质感和质地

5. 空间的知觉特性

空间的知觉特性在第 4 章中也已经提到过。空间视觉依靠多种内外条件来判断物体的空间位置，从而产生空间知觉。这是视知觉的一个非常重要的特性，依靠视觉的空间知觉特性，人们能够对空间的尺寸大小做出相应准确的判断。

6. 时间的知觉特性

随着时间的推移，自然光对物体和环境的作用强度和作用时间长度是不一样的，因此自然光始终是在不断变化中的，而视觉是能够知觉到这些变化的，这也使视觉产生了时间知觉的特性。所以人们能够通过日月星辰的变换来感知时间的变化。

7. 视觉的恒常性

对于视觉恒常性的问题在前面已经讲了很多。人的视觉对于物体的形状、大小、明度、色彩等通常不会因为时间与空间的变化而发生知觉变化，这便是视觉的恒常性。

不同波长的光在人的眼睛里面所引起的光觉灵敏度是不一样的，人们通常把这个灵敏度称为光谱的光效率。人眼对波长为555nm 的黄绿光感受效率是最高的。在相关的设计中，如果根据人的光觉的灵敏度来进行相应的设计，能够起到更优的设计效果。人眼白天对光的感受曲线如图 5-3 所示。

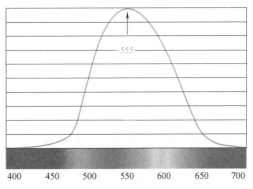

图 5-3　人眼白天对光的感受曲线（单位：nm）

5.1.2　视觉的基本过程

当光进入人的眼睛以后，由于眼睛的折光作用在视网膜上形成物像，物像所及的位置由于感光细胞所吸收的光能而产生相应的反应，从而使感光细胞产生一系列的电脉冲信息。这些信息通过视神经纤维传递到大脑的视觉阈，再进行综合处理后就形成视觉的印象。视觉产生的过程如图 5-4 所示。

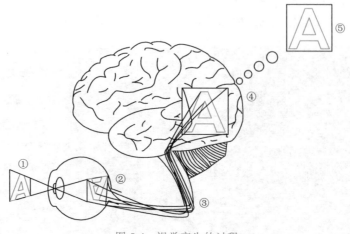

图 5-4　视觉产生的过程

眼睛里的感光细胞（图 5-5）主要分为两种：

1）处于视网膜边缘的视杆细胞。

2）处于眼睛中部凹处的视锥细胞。

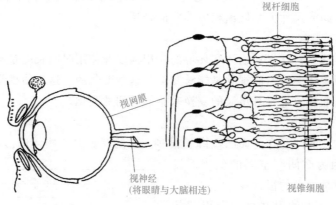

图 5-5　视觉细胞

视杆细胞与视锥细胞的作用是不同的。视杆细胞对光的感受性非常好，而在光线条件相对差的环境里起到主要作用的是视杆细胞。随着亮度不断增加，视锥细胞的作用会逐渐增大，特别是当周边的亮度达到 $10cd/m^2$ 以上时，视锥细胞将起到主要的作用，而视杆细胞的作用则会逐渐地降低。

视杆细胞与视锥细胞对于光感的光谱灵敏度是不一样的，如图 5-6 所示。视杆细胞的光谱灵敏度最大大约

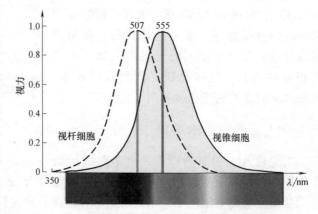

图 5-6　视杆细胞与视锥细胞对光感的光谱灵敏度范围

为507nm，而视锥细胞为555nm。这说明视杆细胞对于光的感受能力很强，但对于色彩的分辨能力却很低。所以在低亮度的环境当中人们对于色彩的感受能力是非常差的。相反，视锥细胞对于色彩的感受能力和分辨能力却是很强的。但是这种分辨能力和感受能力必须要在周边环境亮度较高的条件下才会有良好的表现。

视觉系统是由眼睛、视神经以及视觉中枢共同构成的，如图5-7所示。

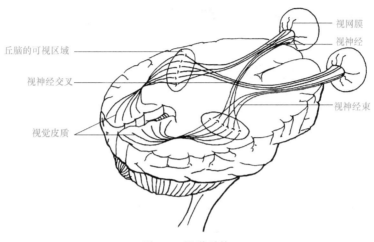

图5-7　视觉系统

5.1.3　视觉的机能

1. 视角与视力

视角是指被看物体两端的点的光线射入眼球所成的夹角，也就是物体在观察者眼前所张开的角度，如图5-8所示。这个角度的大小由物体的实际大小，以及物体离人眼睛的距离所决定。通常情况下，当视角较大的时候，更有利于人们辨别视觉的对象。

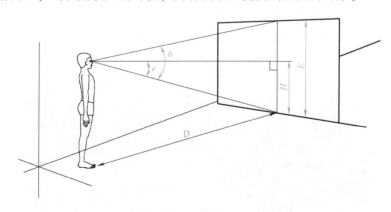

图5-8　视角

视力是指两眼分辨物体的细微结构的能力。它是一个生理尺度，用临界视角的倒数来表示。

临界视角是指眼睛能够分辨所看到物体的最近两点的视角。例如，在检查视力时，当临界视角为 1′ 时，人的视力就是 1.0。当视力下降时，临界视角必然要大于 1′，于是这时候视力用相应的小于 1.0 的数字来表示，如图 5-9 所示。

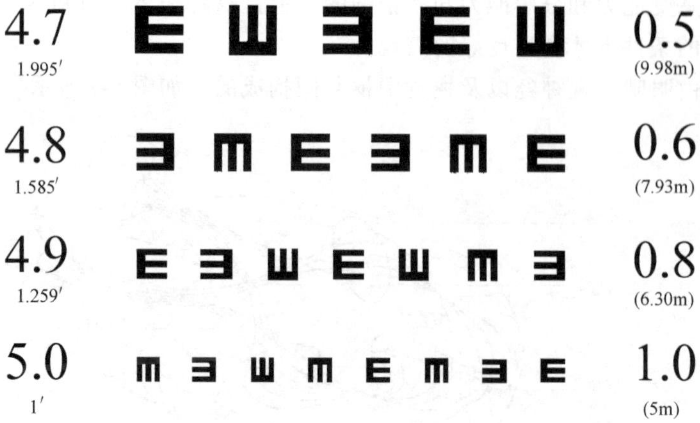

4.7 1.995′	E Ш Ǝ E Ш	0.5 (9.98m)
4.8 1.585′	Ǝ Ш E Ш Ǝ E	0.6 (7.93m)
4.9 1.259′	E Ǝ Ш E Ш E Ǝ	0.8 (6.30m)
5.0 1′	Ш Ǝ Ш E Ш E Ǝ E	1.0 (5m)

图 5-9　视力表

视力又称为视敏度。视力受到视角的影响，除此以外视力还和物体与背景的亮度对比大小，观察者与物体的距离远近，还有观察时间的长短，以及物体的亮度等因素有一定关系。就亮度而言，在白天光线条件较好的情况下，看清物体的视角可能会相对小些，而在光线强度较差的情况下，要看清物体，视角则需要相对大些。

对于标准视线两边的不同范围，人的视力（视觉敏锐度）是不一样的，这本质上是由视锥细胞和视杆细胞所分布的位置不同所决定的。视锥细胞分布较多的区域称为中央视觉，视杆细胞分布较多的区域称为周围视觉。中央视觉和周围视觉同样重要。中央视觉直接决定分辨物体的能力，周围视觉实际反映在对于周边环境保持察觉与警戒力的作用。例如，如图5-10 所示，在驾驶的过程中，虽然人们的视觉注意主要在正前方，但是由于周围视觉的作用，驾驶员可以对周边的环境保持较高的警觉度，当周边有情况变化的时候，首先周围视觉的感知提醒人们，而后通过中央视觉对于相关的周边环境进行确认，它们之间实际上是相互关联作用的。

图 5-10　中央视觉与周围视觉

视角与照度的关系如图 5-11 所示，在星光下要看清物体需要 60°的视角，而在照度很好的白天仅需要 4°左右的视角。

2. 视野与视距

视野是指人的头部与眼球不动的状态下，观看正前方的物体所能够看到的空间范围。通常用角度来表示。眼睛的视野大小以及视野形状，与视网膜中的感光细胞也就是视杆细胞和视锥细胞的分布状态有关。

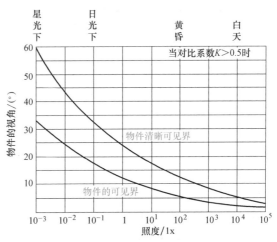

图 5-11　视角与照度的关系

1）水平视野。一般情况下，人的水平视野，双眼的视区在 60°范围以内时，能够对不同的视觉对象进行辨别，如有代表性的汉字、字母以及颜色等。但是要辨识具体汉字，人的双眼视线角度大约在 10°~20°，其辨识度相对最好，而辨识字母时这个范围则要更大一些，在 5°~30°这样一个范围里，而对于颜色的辨别，视线的角度大概在 30°~60°，如图 5-12 所示。

可见 60°指的是双眼的视区，但是实际上人的视野的范围更大。人的单眼视野界限每侧在 94°~104°这个范围，也就是说双眼的视野界限会大于 180°，这主要与人的眼睛，以及头部的结构特点有关。虽然人的视野范围很大，但是人的最敏锐的视力范围却很小，即标准视线的每侧 1°范围内。也就是说当人们进行细致阅读时，人的视力范围大约为 2°。在这个范围内，人们能够对每一个细节做出非常准确的区分。

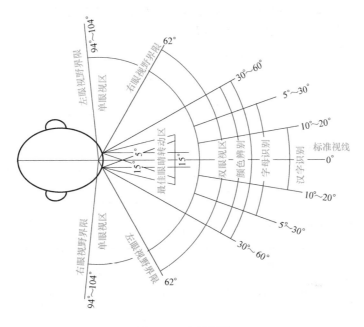

图 5-12　水平视野

2）垂直视野。对于垂直视野（图 5-13），当标准视线是水平线时，视野的上下范围大约是在视平线以上 50°和视平线以下 70°这样一个范围。当然实际情况下的自然视线是低于标准水平视线的。一般而言，人在自然站立时，其自然视线低于水平线大约 10°，人在坐姿情况下，自然视线大约低于水平线 15°，如果人体处在特别放松的情况下，那么人的自然视线偏离标准视平线 30°左右，由此可见，在确认视觉对象的位置时，应该要将其放置在略微低于标准视平线处。这样有利于人们在最佳的状态下保持相对更长的观察时间。

人的垂直视野对于颜色的辨别界限大约在视平线以上 30°和以下 40°的范围内。

3）视距。视距指的是人在操作行为过程中正常的观察事物的距离。

对于一般作业操作而言，视距在 38～76cm。例如，显示器与人之间的距离。当人保持正常坐姿时，手臂水平前伸所能够触及的位置，是日常生活中用来确认显示器与人的视距的简单有效的方法，如图 5-14 所示。

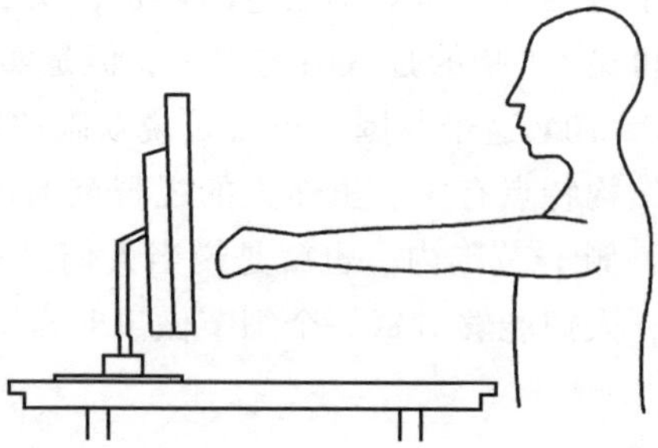

在不同的作业任务中，如最精细的工作、精细的工作、中等粗活、粗活和远看，为了能够保证更好的工作效率，需要根据任务情况选择不同的视距。几种工作任务的视距推荐值见表 5-1。

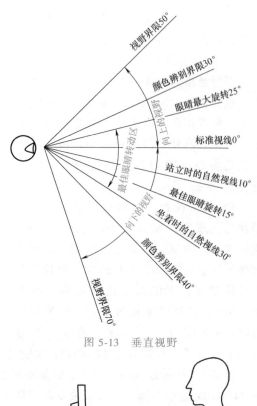

图 5-13 垂直视野

图 5-14 用手臂长来确定显示屏与人的距离

表 5-1 几种工作任务的视距推荐值

任务	举例	视距/cm	固定视野直径/cm	备注
最精细工作	安装最小部件（表、电子元件）	12～25	20～40	坐姿并部分依靠视觉辅助工具（放大镜、显微镜）
精细工作	安装收音机、电视机	25～35（多为 30～32）	40～60	坐姿或站姿
中等粗活	在印刷机、钻井机、机床旁等	<50	<80	坐姿或站姿
粗活	包装、粗磨	50～150	30～250	站姿
远看	看黑板、开汽车	>150	>250	坐姿或站姿

5.2 色视觉与设计

上一节讲了有关视觉的特性以及视觉机能中的视角、视力、视野还有视距的问题。本节主要讲述视觉的辨色能力。

5.2.1 视觉的色觉和色视野

1. 色觉

人的视觉有很强的辨色能力，它可以分辨出 180 多种不同的颜色，在波长为 380～780nm 的光谱中，光波的波长只需要 3nm 人的眼睛就可以分辨其差异性。

人眼区别不同颜色的机制，我们常用光的三原色来解释，即红光、绿光、蓝光三种基本色。其余的颜色都可以由这三种基本色混合而成，在视网膜中有三种视锥细胞，含有不同的感光色素，它们分别感受到三种基本的颜色，当红光、绿光、蓝光分别进入到人的眼睛以后，将会引起三种视锥细胞所对应的光化学反应，神经冲动分别由这三种视神经纤维传递到大脑皮层的视区范围，从而形成对这三种色彩的辨别。

不同神经细胞会引起三种不同颜色的感觉。当三种视锥细胞所接收到的不同程度的色彩刺激信号混合后，则引起不同的色彩感觉。当三种视锥细胞受到同等强度的色彩刺激时，所引起的色彩感觉就是白色，如图 5-15 所示。

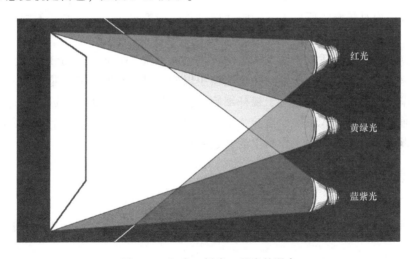

图 5-15 红光、绿光、蓝光的混合

2. 色视野

各种颜色对人眼的刺激是有差别的，所以人眼色觉的视野也就有所不同，如图 5-16 所示。正常条件下人眼的色视野中白色的视野是最大的，白色的色视野在水平方向能达到 180°左右，在垂直方向能达到 130°左右。其次是黄色、蓝色、红色，如黄色视野在水平方向上可以达到 120°左右，在垂直方向上可以达到 95°左右。人眼对绿色的视野是最小的，即垂直方向上 40°左右，水平方向上 60°左右。

色觉和色视野在具体的设计中有着重要的作用，如警示色的设计，界面的色彩设计等。

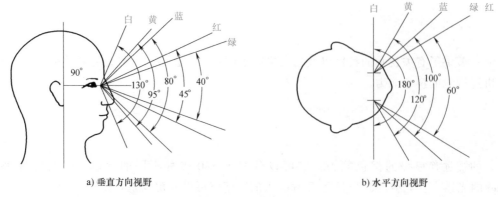

a) 垂直方向视野   b) 水平方向视野

图 5-16　人的色视野

5.2.2　明适应与暗适应

明适应与暗适应是人眼的另一个重要机能。对于明适应与暗适应的问题在第 4 章中已经提到过。当光的亮度不同时，人眼的感受性是不一样的，亮度有较大变化时人的感受性也随之发生变化。我们将人眼的感受性对于光的刺激变化的顺应性称为适应性。人眼的适应性分为暗适应与明适应两种，当人从明亮环境进入黑暗环境时，人眼的瞳孔逐渐放大，进入眼睛的光通量逐步增加，对于光线弱刺激敏感的视杆细胞逐渐地进入工作，由于视杆细胞进入工作的状态、过程相对较慢，所以人眼的暗适应过程一般需要 30min 左右。不同的条件和不同的人其暗适应所需时间是有一定差异的。

与暗适应相反的是明适应，当人从黑暗环境进入明亮环境时，由于光通量的快速增加，人眼需要迅速适应这个变化，所以瞳孔快速缩小以使得进入人眼的光通量减少，视锥细胞迅速地进入工作状态。视锥细胞相对于视杆细胞而言，其反应速度更快，因此明适应比暗适应要快得多。通常情况下，人眼的明适应大约需要 1min。通过相应的设计来减少明适应与暗适应的负面影响，对于人们的工作和生活会起到很大的帮助作用。

5.2.3　眩光

1. 眩光的分类

除了明适应与暗适应，眩光也会给人们的工作和生活带来各种负面影响。眩光通常分为以下两种：

1）直接眩光。由自然光或人工光源直接照射物体所引起的眩光称为直接眩光，如图 5-17a 所示。

2）反射眩光。由人眼视野当中的各类物体表面的反射光源所引起的眩光称为反射眩光，如图 5-17b 所示。

2. 眩光的影响

1）眩光在工作和生活当中所造成的危害是比较大的。眩光能够使人的瞳孔迅速地缩小，而在视野范围内，亮度一定的条件下，眩光会降低视网膜照度，从而影响人的视力。视网膜照度是指光线到达视网膜后，视网膜上面的被照明区域的照度。

2）由于眩光在眼球内散射而减弱了被看对象与背景间的对比度，这对于被看对象和背

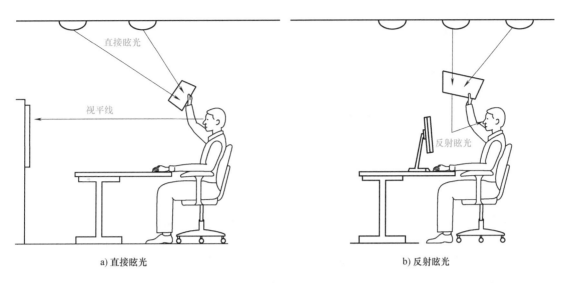

a) 直接眩光   b) 反射眩光

图 5-17 直接眩光和反射眩光

景的区分与识别会造成不利的影响。

3）视觉细胞受到强光的刺激会引起大脑皮层细胞间产生相互作用，而这种相互作用和相互干扰也会影响到被看对象的清晰度，影响人的视觉感知能力。

3. 减少眩光的设计方法

在设计当中减少眩光对于提高工作的效率，以及保障安全和增进舒适性等都是非常重要的。减少眩光的方式如图 5-18 所示。

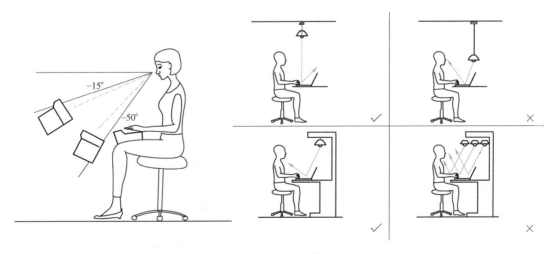

图 5-18 减少眩光的方式

1）减少直接眩光。

① 减少引起眩光的高亮度的面积。

② 增大视线与眩光光源之间的夹角。

③ 提高眩光光源周边区域的亮度。

2）减少反射眩光。

设计中的人机工程学

① 降低光源本身的亮度。

② 改变光源的位置。

③ 改变作业对象的位置。

④ 使反射光源避开人的眼睛。

⑤ 改变物体表面的光洁程度来减少反射量。

⑥ 提高周围环境的亮度，减弱反射物与背景间的亮度对比。

5.2.4 视错觉

80%以上的信息都是通过视觉进入人脑的，这些信息里面并不是所有的信息都是真实地反映外部对象的。人在观察外部事物时，物体的形状、大小、位置和颜色等对于人来讲所形成的印象有可能与实际的情况有差异。这种差异称为视错觉。视错觉总体而言是起消极作用的，因为它影响了人们对事物的判断。但同时，设计师也常利用视错觉的特点来进行设计。例如，通过视错觉来规避相应的不利条件，促进工作和生产的效率，提高安全性等。

视错觉可以分为形状视错觉、色彩视错觉和运动视错觉三大类。

1) 形状视错觉。形状视错觉一般有：长短的错觉、大小的错觉、方位的错觉、对比的错觉、分割的错觉、方向的错觉、远近的错觉以及透视的错觉等。

如图 5-19a、b 所示，两条线段的长度是一样的，但是由于两端形态的变化使人产生一长一短的错觉，而且这种视错觉十分明显。如图 5-19c 所示，A 和 B 的实际面积是一样的，但是由于所处的位置不同，给人产生了面积有大有小的视错觉。这主要是由于人的视觉注意力集中在线性的对比上，所以感觉 B 的面积比 A 的面积更大。图 5-19d 中 4 条平行的水平线，可以明显地感觉到中间的两条平行线由于受到发射状线条的影响，而产生了扭曲的视错觉的效果。

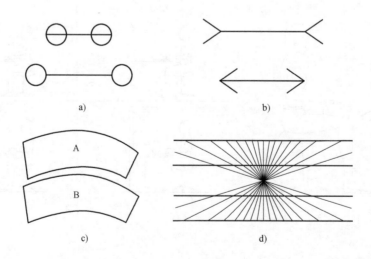

a)　　　　　　b)

c)　　　　　　d)

图 5-19　视错觉

2) 色彩视错觉。色彩视错觉主要有：颜色的对比视错觉、大小视错觉、温度视错觉、色温视错觉、重量视错觉、距离视错觉等。色彩视错觉与色彩的心理功能和感情的效果有着密切相关性。色彩的感受性见表 5-2。

例如，设计师可以通过对物体表面着色的不同来给人产生物体重量的差异性感觉。通过浅色让人产生较轻的视错觉，通过深色让人产生较重的视错觉。

表 5-2 色彩的感受性

色相	色彩感受
红色	血气、热情、主动、节庆、愤怒
橙色	欢乐、信任、活力、新鲜、秋天
黄色	温暖、透明、快乐、希望、智慧、辉煌
绿色	健康、生命、和平、宁静、安全感
蓝色	可靠、力量、冷静、信用、永恒、清爽、专业
紫色	智慧、想象、神秘、高尚、优雅
黑色	深沉、黑暗、现代感
白色	朴素、纯洁、清爽、干净
灰色	冷静、中立

3）运动视错觉。运动视错觉是指在一定条件下，人们把客观上静止的物体看成是运动的一种错觉。

5.2.5 视觉的外部特征

基于以上所谈到的视觉的特性以及视觉的机能，这里简单地归纳一下视觉由此所表现出来的一些外部特征。

1）眼睛沿着水平方向的运动。眼睛沿水平方向运动要比沿着垂直方向运动快而且不易疲劳。所以在设定相关视觉对象时，按照水平方向设置会优于按照垂直方向设置。中央控制室的信息屏也多是按照横向布置的，这样有利于工作人员对信息的快速搜索定位，如图5-20所示。

图 5-20　中央控制室的信息屏设置

2）视觉的变化总是习惯于从左到右、从上到下和按照顺时针的方向进行运动。在视觉界面设计过程中，按照从左到右、从上到下以及顺时针方向这样的视线变化的顺序来进行相关视觉信息的设计与排布，可以减少人的视觉负担，提高阅读的效率。例如，信息量较大且图文兼具的网页设计，如果符合视觉运动特征，则能够避免视线混乱，从而提高人们的浏览体验，如图5-21所示。

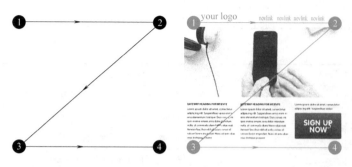

图 5-21　视线转换的顺序

3）人眼对于水平方向的尺寸和比例的估计准确性要高于垂直方向上的判断水平。这告诉设计师在设计的过程中对于需要确认信息的情况，横向的信息排布会优于纵向的信息排布，如图 5-22 所示的汽车仪表盘设计。

图 5-22　汽车仪表盘设计

4）当眼睛偏离视觉中心且偏离距离相等时，人眼对于左上方的观察是最优的，其次是右上方，对于左下和右下两个方向上的观察能力相对较差。人眼对于不同视区观察能力的区别如图 5-23 所示。

所以对于一些重要的信息应该按照这样的原则，尽量将其放在显示页面的上部，这样有利于人们对所需信息的有效捕捉。

5）由于人的生理结构原因，两只眼睛的运动总是协调和同步的。因此在设计的过程中都是以双眼视野来作为设计依据的。

6）人眼对于物体轮廓的辨识，直线的轮廓会优于曲线的轮廓，如图 5-24 所示。特别是需要快速和准确识

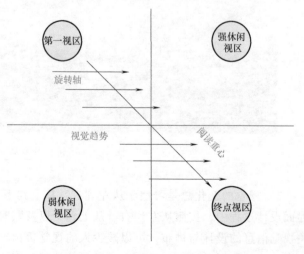

图 5-23　人眼对于不同视区观察能力的区别

别的时候，直线轮廓的辨识度明显地优于曲线的轮廓。

当然这是从人机的角度来进行讨论的，在具体的设计过程中，并不是说直线就会在所有的条件下优于曲线，还得根据设计的对象和需要达到的目的来进行具体的分析。

7）颜色的对比与人眼的辨色能力，有一定的关系。

图 5-24 视觉对于直线的辨识度高于曲线

当人站在远处辨认颜色时，更容易辨认的色彩的顺序是红色、绿色、黄色和白色。也就是说当人站在远处时最先看到的颜色通常是红色，所以很多紧急的、危险的信号、标志都设计为红色，如图 5-25 所示。

图 5-25 交通标志

当两种颜色搭配时，更容易辨别的首先是黄底黑字，其次是黑底白字，然后是蓝底白字以及白底黑字。所以我们经常看见一些交通的标志（图 5-25），使用黄底黑字，这样有利于驾驶员在驾车的过程中快速地识别相关的信息。对象与背景的色彩搭配及辨识度比较如图 5-26 所示。

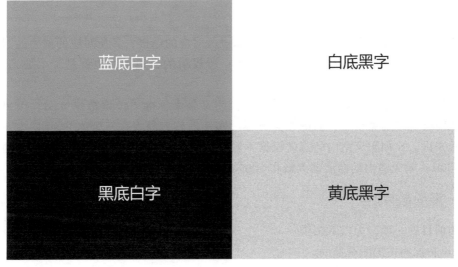

图 5-26 对象与背景的色彩搭配及辨识度比较

5.3 视觉与光的设计

视觉与设计的关系密切，视觉与光的关系同样密切。利用光的属性来满足人的需要这在设计中是很常见的。光的设计对于环境氛围的营造，安全条件的创建，生产效率的保障都起着重要作用，在各种类型的设计中都是不可缺少的基本设计条件。

5.3.1 光的相关概念及单位

照度是指单位面积上所接受可见光的光通量。它的物理意义是照射在单位面积上的光通量，如图 5-27 所示。

照度的单位是 lx（勒克斯）。1lx 是指在 $1m^2$ 面积上的光通量即一个流明。

坎德拉（cd）是光源在给定方向上的发光强度。坎德拉也是光强度的单位。流明（lm）是描述光通量的物理单位，它是由光强单位坎德拉所引出的，解释为一个烛光也就是 1 坎德拉在一个"立体角"上面所产生的总的发射光通量，如图 5-28 所示。

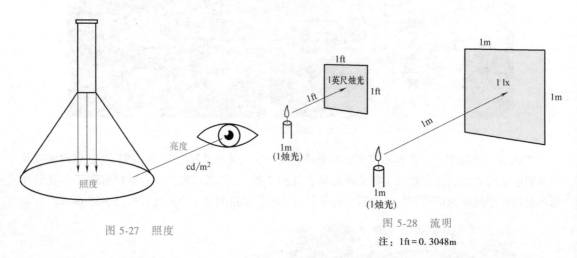

图 5-27 照度

图 5-28 流明

注：1ft = 0.3048m

所谓的"立体角"指的是半径为 1m 的球冠所对应的球锥，其所对应的截面的圆心角大约为 65°。1 个烛光在这样的立体角（图 5-29）所投射的光通量，也就是 1 个烛光的光强，即 1cd，也是 1lm。

勒克斯（lx）是由流明（lm）引出的，流明又是由标准单位坎德拉（cd）引出的。所以它们之间是有密切关系的，如图 5-30 所示。很多时候容易将这三个单位混淆。

直观来讲，比如阴天室内的照度根据不同的环境大概在 5~50lx，阴天的户外的照度值在 50~500lx，晴天室内的照度值大概在 100~1000lx。

5.3.2 照明的目的

照明的目的一般分为以下两种：

1）以功能为主的明视照明。

2）以舒适为主的气氛照明。

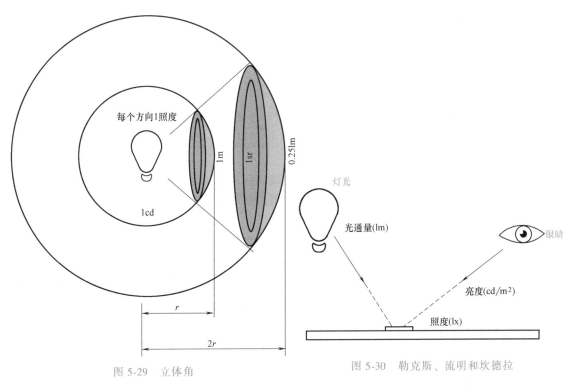

图 5-29　立体角

图 5-30　勒克斯、流明和坎德拉

照明的功能是非常重要的，曾经有人做过照明与事故的发生率之间的关系分析。对比 200lx 和 50lx 两个不同照度值条件下的工伤事故次数和出错次数，如图 5-31 所示。在 50lx 的照度条件下操作出错次数是 200lx 下的接近 3 倍。由此导致的工作效率的低下甚至工伤事故，50lx 的照度条件下也远远地多于 200lx 的照度条件。

从功能的角度可以看到明视照明的重要性。在具体的灯光环境设计中，良好的照明特性应该包含以下几大要素：

① 基本的物理量，也就是照度、亮度、色度等问题。

② 灯光的照射要有良好的视觉功能。也就是良好的可视性以及受到最少的各类眩光的影响。

③ 照射的舒适性。这主要与照明的方向以及亮度的分布情况，以及色调和眩光等有关。

除此以外灯光还有营造环境氛围的重要作用。例如，使用灯光来营造环境的温暖感觉、明亮感觉、愉快感觉等是较为容易的。另外在追求安全与效率的作业环境中，照明设计通常会采用自然照明和人工照明结合的方式来进行设计。

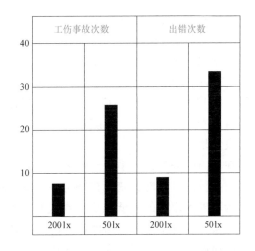

图 5-31　照明与事故发生率的关系

5.3.3　人工照明的分类

人工照明按照灯光的照射范围和目的进行分类，可以分为一般照明、局部照明和综合照明。

1. 一般照明

一般照明也称为全局照明或全面照明，是指对于整个环境进行全面的照明，不考虑局部的照明。这种照明的视觉整体效果是比较好的，但是其能耗比较高，同时对于局部细节，特别是重点位置的照度可能不足。

在第 4 章中曾经谈到过人对照度的感觉与照度实际物理量之间的差异性。人对照度的感受性的增长幅度并不与照度强度增强同步。所以只通过增加一般照明方式并不一定是最佳选择。

2. 局部照明

局部照明是为了突出某一效果或适应某一工作的要求来提高特定区域的照度。它的优点是局部照度会比较高，耗电量相对会比较少。但是可能会产生较多的眩光。如果在环境里单纯地使用局部照明，也不太利于整个环境照明的质量。当然事事非绝对，在博物馆中为了保护文物尽量少地受到光的不利影响，以及突出展览对象，大量地使用局部照明也是常见的。

3. 综合照明

综合照明是指在灯光设计中将一般照明和局部照明结合起来共同使用的照明方式。这是一种相对更加经济的照明方式。综合照明聚集了一般照明和局部照明的优点，也规避了它们的不足。通常情况下，一般照明与局部照明在环境当中的配比大约为 1：5，这个比例是比较经济实用的。

5.3.4　自然照明与人工照明

1. 采光系数

在灯光设计中除了照明的方式，自然照明与人工照明的协调也是非常重要的。

采光系数（Daylight Factor，DF）是指室内环境中某一点的自然光强度与室外的日光强度的百分比。采光系数可以较好地反映人对于室内亮度的主观性感受。以工作环境为例，10%左右的采光系数是比较好的。按照《住宅设计规范》（GB 50096—2011）卧室、起居室（厅）、厨房的采光系数不应低于 1%；当楼梯间设置采光窗时，采光系数不应低于 0.5%。但是自然光是不稳定的，其随着时间、季节等的变化而变化。所以人工照明对于室内环境的灯光设计是十分重要的。

在室内的采光设计中将天然采光系数作为天然采光设计的指标，对于室内特定区域的采光系数进行计算，能够获得在特定环境里面的灯光的设计的标准值。

为了确保室内的最低照度，在进行灯光设计时，通常采用低天空的照度值为设计参考值。将某种条件下的天空照度值乘以采光系数，就可以计算出在某种条件下的室内某点的天然光的照度。这样有利于设计师在此基础上进行人造光源的设计。

2. 采光系数与设计

室内必要的最低照度设计用天空照度值，见表 5-3。例如，对于有代表性的太阳高度角（太阳高度角是指相对于地球上的某点，太阳光的入射方向与地平面之间的夹角，如图 5-32 所示）的天气状况的最低值，天空的照度为 5000～5800lx。而对于最低太阳高度角的天气状况的最低值大约为 1300lx，这是天空照度值。基于天空照度值就可以计算室内某一点的采光系数。

采光系数等于室内的某点的照度与同一时间室外照度之比乘以 100%。

表 5-3 必要的最低照度设计用天空照度值

条 件	天空照度/lx
对于有代表性的太阳高度角的天气状况的最低值	5800
对于最低太阳高度的天气状况的代表值	5600
对于最低太阳高度角的天气状况的最低值	1300
全年的采光时间的 99% 的最低值	2000
全年的采光时间的 95% 的最低值	4500

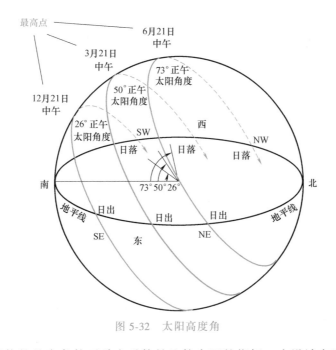

图 5-32 太阳高度角

在满足视觉机能的基本条件下采光系数是比较全面的指标。在设计实践中常以采光系数的最低值作为设计的基本标准。

以生产车间作业面的设计为例，当室外临界照度为 5000lx 时，采光等级可以分为以下五个级别：

1）识别对象小于等于 0.15mm 时，室内自然光的照度的最小值应该不小于 250lx。

2）识别对象大于 0.15mm 小于等于 0.3mm 的精细工作，室内的自然光的照度值不应该小于 150lx。

3）识别对象大于 0.3mm 小于等于 1mm 的精细工作，室内的自然光的照度值不应该小于 100lx。

4）识别对象大于 1mm 小于等于 5mm 的一般性工作，室内自然光的照度值应该小于 50lx。

设计中的人机工程学

5）识别对象大于 5mm 时，这是相对粗糙的工作，室内自然光的照度值应该不小于 25lx。

这些数值是根据采光系数计算出来的最低数值，在实际的环境里其照度值通常高于这个数值。我们国家先后颁布了一些国家标准，如 GB/T 13379—2008《视觉工效学原则 室内工作系统照明》，以及 GB 50034—2013《建筑照明设计标准》，GB 50033—2013《建筑采光设计标准》。这些标准根据不同的作业性质规范了各种作业形式、作业场所的照明标准。

5.3.5 照度、亮度、色温与设计

1. 作业和活动的照度范围

一般的作业对于照度范围的要求值是 100~200lx。对于视觉有一定要求的作业的照度要求是 200~500lx。中等视觉要求作业的照度要求是 300~750lx。例如，阅读行为就属于中等视觉要求的作业。对于很困难的视觉作业，要求照度在 1000lx 左右。当照度超过 1000lx 时，会极大地提高视觉的观测能力，但是也容易引起视觉疲劳。所以在设计中应该要找到一个恰当的平衡点。各种不同区域、作业和活动的照度范围见表 5-4。

表 5-4　各种不同区域、作业和活动的照度范围

照度范围/lx	区域、作业和活动的类型
3-5-10	室外交通区
10-15-20	室外工作区
15-20-30	室内交通区,一般观察、巡视
30-50-75	粗作业
100-150-200	一般作业
200-300-500	一定视觉要求的作业
300-500-750	中等视觉要求的作业
500-750-1000	相当费力的视觉要求的作业
750-1000-1500	很困难的视觉要求的作业
1000-1500-2000	特殊视觉要求的作业
>2000	非常精密的视觉要求的作业

2. 照明均匀度

照度是照明设计的数量指标，它表示的是被照面上光的强弱，以被照的场所的光通量的面积密度来表示。但是由于视觉对象的布置以及如何变化，通常是较难以预测的，所以在工作面的照度分布上应该相对均匀，或者照度不一样的情况下至少它们的变化应该是平滑和渐进地变化，这样才能保证视觉的有效与舒适，有利于人们的学习和工作。

在同一个空间中，通常要求照度应尽量均匀，否则会导致人眼在同一个空间当中由于光环境不断地变化而引起眼睛的不适。在设定照度均匀标准时，通常考虑最大、最小照度分别与平均照度之差应该小于平均照度的 1/3。如果过大，说明照度的均匀度不够好。

一般而言，最小照度与平均照度之比应该在 0.8 以上，也就是说照度的均匀度应该大于80%。这说明在作业空间环境中对照度的均匀度的要求是比较高的。

3. 亮度

物体在接受光以后都会有一定的反射亮度，不同物体的反射度是不一样的，它取决于物体表面的光洁程度以及光照强度，如图 5-33 所示。

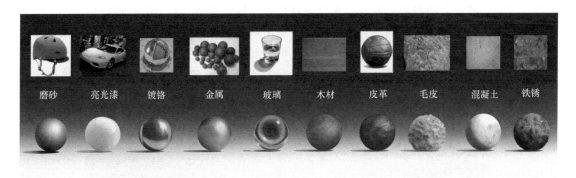

图 5-33 不同材质具有不同亮度

亮度在照明环境中应该是稳定适中的，差别性不能太大，均匀的亮度会使人感到心情愉快。亮度过低会让人感到沉闷，亮度太高则会使人感到烦躁。

一般情况下，视觉的对象与工作面以及工作环境三者之间比较好的亮度比例是 5：2：1。对于需要长时间观察的对象物，自身的亮度与工作环境及工作面的差距不宜过大，否则会导致视觉疲劳和视力下降。观察物与环境也就是背景的亮度的对比可以采用对比系数来表示。观察物与背景之间的亮度对比，等于背景的亮度减去物体的亮度比上物体自身的亮度。

眼睛能够识别物体的最小的对比系数称为最小视敏度。最小视敏度的倒数称为视觉对比敏度。视觉对比敏度表示看清物体的灵敏度。视觉对比敏度与背景的亮度呈正相关。当背景亮度在 $1000cd/m^2$ 时，视觉对比敏度达到最大值，而当背景亮度进一步增加时，视觉对比敏度则会开始下降，这主要是由于亮度过大会产生眩光，而眩光对视力的影响是负面的。对比敏度与亮度的关系如图 5-34 所示。

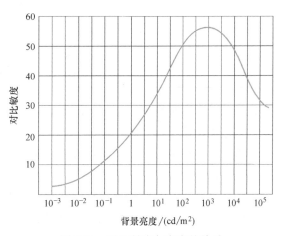

图 5-34 对比敏度与亮度的关系

物体的亮度除了和背景与物体的对比度有关以外，还与物体表面材料的反光性能以及表面的照度有密切的关系。它们之间的关系为

物体的亮度=物体表面的反光系数/π×物体上的照度

为什么比上 π 呢？因为照度是流明的引出单位，而流明是用来描述光通量的物理单位，它是指一个烛光在一个立体角上面所产生的总的发射光通量，是球面上的光通量。物体表面的亮度是可控的，可以通过改变物体表面的反射系数或控制入射物体表面的照度来调整物体表面的亮度。

4. 色温

色温（图 5-35）是表示光线中包含颜色成分的计量单位。色温是基于一个虚构的绝对黑色物体从绝对零度（－273℃）开始被加热到不同温度时所发出的不同颜色的光。例如，加热铁块时，铁块会随着温度的升高先变成红色，然后是黄色，最后会变成白色。

形象地讲，光源处于不同的色温时，所表现出来的色彩冷暖色调是不一样的。当色温小于 3300K 时，呈暖色，当色温在 3300～5300K 时，呈中间色，当色温大于 5300 时给人的感觉是冷色。光源色分组见表 5-5。例如，调节显示器的冷暖色调，实际就是通过色温来调节的。

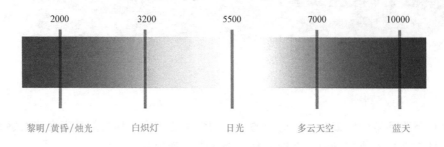

图 5-35　色温（单位：K）

表 5-5　光源色分组表

色表分组	色表特征	相关色温/K	使用场所举例
Ⅰ	暖	<3300	客房、卧室、病房、酒吧、餐厅
Ⅱ	中间	3300～5300	办公室、教室、阅览室、诊室、检验室、机加工车间、仪表装配
Ⅲ	冷	>5300	热加工车间、高照度场所

在不同的照明环境下，色温能够影响到人的舒适度。街道照明、办公照明以及工业生产照明，其色温的舒适区是不一样的。对于街道照明，色温就要偏暖，这样会给人一种舒适的感觉。例如，英国的小镇上的路灯多采用暖光的光源，这样设计的目的是为了让人们在生活中保持较好的心情。

而同样的色温如果放在生产作业环境中情况就大不相同了。在生产作业时，要求环境具有更高的辨识度和比较清爽的感觉，这样有利于提高生产效率和保证安全。在这样的环境里偏冷的光源则更有利于人们保持相对平稳和冷静的心理状态。

偏暖的光源比较适合设置在居住环境或休闲的环境里面，中性的灯光比较适合设置在办工场所或阅览室以及部分作业空间中，偏冷的光源则适合设置在部分作业空间、作业场所以及需要高照度的特定场所里。

5. 显色性

光源的显色性也是一个非常重要的指标，一般用显色指数 R 来表示。

通常情况下，将日光或接近日光的人工光源作为标准光源，这种光源的显色性是最好的。它的显色指数一般用 100 来表示，其余光源的显色指数都小于 100。例如，生活当中常用的荧光灯，它的显色指数大约为 70。各类光源的显色指数见表 5-6。

表 5-6 各类光源的显色指数

光源	显色指数	光源	显色指数
白色荧光灯	65	荧光汞灯	44
日光色荧光灯	77	金属卤化物灯	65
暖白色荧光灯	59	高显色金属卤化物灯	92
高显色荧光灯	92	高压钠灯	29
汞灯	23	氙灯	94

光源的显色性应该要适应于不同的场所和环境。例如，医疗机构或专业配色的场所，对于光源的显色性要求很高，通常需要显色指数大于 90。而其他的场所，如办公空间、工业加工场所、生产车间等环境的显色指数通常需要在 80 以上。可见，对于作业和功能要求比较高的环境，对显色指数的要求就更高一些。光源的显色性分组见表 5-7。

表 5-7 光源的显色性分组

显色性组别	显色指数范围	应用示例	
		优先采用	允许采用
1A	$R \geqslant 90$	颜色匹配 医疗诊断	—
1B	$90 > R \geqslant 80$	办公室 医院 印刷、油漆和纺织 工业、精密加工工业	—
2	$80 > R \geqslant 60$	工业生产	办公室
3	$60 > R \geqslant 40$	粗加工生产	工业生产
4	$40 > R \geqslant 20$	—	粗加工工业

5.3.6 设计原则

综上所述，基于人的视觉与光源的特性，总结出以下几条设计的基本原则：

1）在具体的设计过程中要考虑到照度的平均水平。即环境中的照度不能过高、过低，也不能变化非常明显，应该保持相对均匀的照度以及光线过度的平缓。当然根据环境的不同，也要注意避免照明过度一致而产生的单调感。

2）光线的照射方向以及扩散应该要合理地设置，避免在作业的过程中由于光照的角度不同而产生对视觉有干扰的阴影，从而降低作业的效率和产生安全的隐患。对于一些需要营造环境的舒适性和温馨氛围的情况，可以通过一般照明和辅助光源，以及背景光源的协调来产生环境的舒适感和照明的立体感。

3）光源的设计一定要避免光线直接照射到人眼。这主要是为了避免产生眩光。

4）光源的设计要有与环境匹配的合理显色性。要能够在特定的环境里面再现各种颜色的能力。

5）照明与环境的色调应该协调。光源对于环境气氛的营造具有不可比拟的作用，所以恰当的照明和色调的配合能够优化人们生活、工作的环境。

照度水平与色温舒适度的关系如图 5-36 所示。

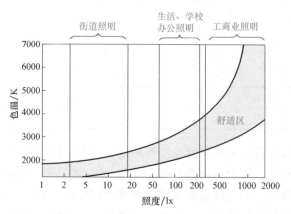

图 5-36　照度水平与色温舒适度的关系

5.4　视觉特性与界面设计

人机界面设计一般包括以下三个方面：

① 软件间的接口。

② 设计模块与其他信息的相互关系界面。

③ 用户与机的交互界面。

凡是存在人机信息交互的领域都存在人机交互界面。人机交互与人机界面的关系实际上是内容和形式的关系。交互是人、机、环境关系的一种状态描述，而界面是人、机、环境发生交互关系的一种传递形式。如果说交互是实现信息传达的情景描述，那么界面是实现交互的一种手段。但是无论是交互还是界面，它们其实都是解决人机关系的一种手段，而不是最终的目的，最终的目的是满足人的需要。

不管是人机交互设计，还是人机界面设计，它们所涉及的设计程序和设计方法不少，在人机工程学中一般并不去探讨交互设计和人机界面设计的流程与方法，而主要是探讨基础的、与人相关的客观事实与理论。

这里将基于人的相关视觉特性来介绍在界面设计中应该注意的一些事项。其中部分内容已在前面曾提到过，但是为了内容的整体性，有些内容有必要重新再归纳一下。

5.4.1　界面设计中需关注的视觉特性

1. 视野

人的视野主要包括水平视野和垂直视野。水平视野的效率要明显高于垂直视野，在水平视野里双眼的视区大约在左右 60°，对于汉字的辨别区域大约在左右 10°~20°，对于字母的辨别区域在左右 5°~30°，可见不同的视觉对象其视野是有差别的。字母的视野范围比汉字的视野范围要大。颜色的识别区域在左右 30°~60°。前面曾经谈到双眼最敏锐的视区大约在左右 1°。基于人的视野特点，在界面设计过程中应该注意以下几点：

1）要将最重要的信息放置在视野的左右 3°以内，这便于人们仔细阅读与清晰辨别。

2）对于一般的信息，应该将其置放在界面的 20°～40°的水平视野范围内。

3）次要的信息可以放在 40°～60°的范围之内。

超过 60°的水平视野则不适于相关信息的排布。在这样的范围里布置信息，信息的摄取以及界面信息传递的效率都会非常低。

2. 视线

视线在界面上移动时应该要有清晰的移动路线，而且这样的移动路线应该适合人的生理特征。

人的视线变化习惯于从左到右、从上到下、顺时针方向，如图 5-37 所示。人眼对水平方向尺寸和比例的估计比对垂直方向尺寸的估计要准确。

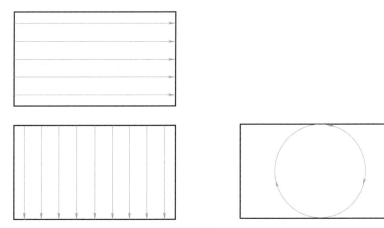

图 5-37　视线移动的习惯

人对于界面信息的摄取还会受到兴趣、任务和目标的影响，同时视觉对象的特点和特性也会影响到视觉注意的顺序。例如，人在观看信息的过程中，对于有的信息的关注度会更高。例如：

1）对人的关注明显大于对其他信息的关注。

2）对人脸的关注又会大于对其他信息的关注。

3）对眼睛的关注会大于对人的其他部位的关注。

对于文字信息的关注有如下特点：

1）对标题的关注明显大于对其他信息的关注。

2）对界面信息的关注，人们总是习惯于被左上与右上角的信息所吸引。

3）对左下或右下的信息关注度最低。

3. 视觉逻辑流与设计

是人们查看信息时的先后顺序，是视线在对象上的运动轨迹。视觉逻辑流既遵循人的视觉习惯，例如，从左到右、从上到下等，也会受到信息本身的影响，如从彩色到黑白、从标题到内容等。

视线与界面设计有着密切关系。在具体设计中应该要注意以下几点：

1）人们视线游动的规律。

2）人们的兴趣、目标和任务的不同。

3）视觉对象的自身特征的不同。

设计中的人机工程学

以上三点综合影响着界面设计的视觉逻辑流。视觉逻辑流的排布与设计直接关系到界面设计的成败，如图 5-38 所示。

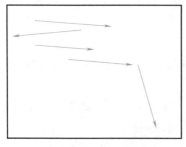 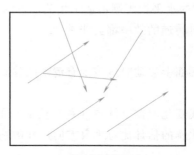

a) 相对清晰的视觉逻辑流　　　　　　　b) 混乱的视觉逻辑流

图 5-38　视觉逻辑流

在界面的设计过程中经常会面临大量的视觉刺激数目的选择，而可选择的刺激数目即视觉对象的多少直接会影响到人们对于信息的反应时间。如图 5-39 所示，通过分析曲线可以看出，当刺激数目逐渐增加时，反应时间呈现快速增加的趋势。

由表 5-8 可以看到，随着刺激数目的增加，人的反应时间也有着明显差异。

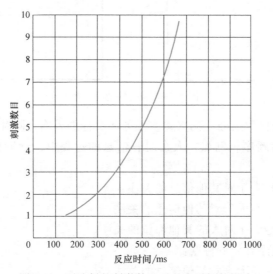

图 5-39　可选择的刺激数目对反应时间的影响

表 5-8　可选择的刺激数目对反应时间的影响

刺激数目	1	2	3	4	5	6	7	8	9	10
反应时间 m/s	187	316	364	434	485	532	570	603	619	622

当视觉刺激数目明显增加时，人们的反应时间会迅速地增加，这和前面所谈的知觉的能力限度有关，所以在具体的界面设计过程中应该注意以下几点：

1）信息的出现应该尽量地按照单一的、逐次的原则出现。

2）如果确实需要同时出现多个信息，应该尽量将信息数量控制在 3 个以内。前面也曾经谈到过视觉记忆的 5±2 原则。人对于信息的瞬时记忆能力在 3~7 个之间。为了便于对信息的识别，一般采用能力的下限，即 3 个。

3）如果出现信息的数量必须要大于 3 个时，要考虑对信息进行个性化的处理。例如，在形式、色彩或其他的方面做到视觉信息的差异性，以便于人们进行相关的辨识与区分。

4. 视野范围中不同区间的反应速度

对于视野范围内的不同区域，人的反应时间是有差异的。

图 5-40 所示为视野内反应时间的等值曲线。可以看到在整个视野范围内，视觉中心的上、下 8°，向右 45°和向左 10°这个区间是视觉反应最快的区域，反应时间是 280ms。

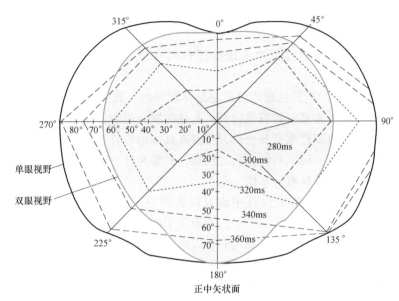

图 5-40　视野中的视觉感知反应时间

在需要人们对信息进行快速辨识并做出判断的界面设计中，如安全信息界面设计时，应该遵循将重要信息放置在视野中的视觉快速反应区。

5. 观察角度和视角变化对设计的影响

观察的角度和视角的变化对于人们观察的精度是有很大影响的。视角的变化是随着观察角度的变化而变化的，所以在具体的界面设计过程中应该要留意观察的角度，即考虑到人与显示界面的位置。视角随观测角的变化规律见表 5-9。

表 5-9　视角随观测角的变化规律　　　　　　　　　　　　　单位（°）

观察角 β	0	10	20	30	40	50	60	70	75	80	85	90
视角 α	0	0.089	0.175	0.256	0.329	0.329	0.443	0.481	0.494	0.504	0.510	0.511

5.4.2　视觉特点与界面设计

1. 视觉符号编码与设计

视觉符号编码对于界面设计的视觉效率有着非常明显的影响，关于视觉符号的编码与视觉效率在前面也已提到过，特别是对于编码方式的优劣前文已经进行了讲解。对于不同的工作性质和在不同的工作条件下，比如需要辨认、搜索、比较、验证、计数等不同条件下面编

設计中的人机工程学

码的方式：数码、字母、形状、色彩与图案它们的视觉效率是有较大差异的。

1）辨认的工作当中，数码、字母、斜线是较好的显示符号。如果要得到辨认的准确数值时，数码是最优的显示符号。

2）界面搜索定位过程中颜色是最优的选择，数码与形状其次。

3）需要计数的情况下则以数码与形状最优。

4）需要比较与验证时，这些符号对于工作效率的差别度并不大。

视觉符号编码在具体的设计中的应用：

1）在界面设计中如果设计的是分类界面，可以通过颜色来进行相应的界面分类。这将是最优的一种选择。

2）如果在阅读和辨识的过程中考虑选用数码和字母，相对而言其效率和准确性会更高。

3）就色彩本身而言，不同色彩的辨识度是有差异的。例如红色、绿色和白色的视觉辨识度是差不多的，红色更容易引起视觉疲劳，蓝色的视觉辨识度稍微要差一些，但是它所导致的视觉疲劳相对于其他颜色而言要更低，所以在具体的设计过程中即便是用颜色来进行区分界面，也应该根据不同的情况具体分析。例如，对安全性、紧急性标识的色彩选择就应该与一般性信息标识的色彩选择有所不同。

4）对于形状的辨识，在界面设计中也有优劣之分。例如，三角形的辨识度要优于圆形，而圆形又会优于梯形，梯形优于方形，方形优于椭圆形，椭圆形优于十字形。当然在具体的设计中，通过与其他要素配合，如色彩、大小、比例和位置等，这些形状的辨识度也会发生变化，所以在界面设计过程中要根据不同信息的需要，通过不同形状的结合来达到最优的设计效果。例如，重要的信息，需要第一时间被认知的信息，可以考虑用三角形等形状来设计表达。需要细读的信息，可以考虑用梯形或方形的形式来呈现。

5）设计实践中常通过信息符号的形状与色彩的搭配来满足不同信息功能和信息传递的需要。例如，需要快速的第一时间被认知的信息，可以配合黄色或红色等警示色。对于需要认真地长时间细读的信息则可以考虑配合绿色、蓝色、白色或浅灰色。

除此以外，在界面设计过程中还要考虑到目标的亮度、呈现的时间、目标的余晖等因素对视见度的影响。

1）目标的亮度。显示屏幕上目标的亮度越高，越容易被察觉。

2）目标所呈现的时间。目标呈现的时间相对越长，人的视见度提高得越快。

3）余晖。屏幕上的余晖是目标呈现结束以后所残留的视觉亮点，其特点是最初亮度下降比较快，而后比较慢，当屏幕的亮度较高时，余晖的持续时间大约在3s左右，当屏幕的亮度较暗时，余晖的呈现时间大约为1s。同时环境光对余晖的呈现时间影响也是较大的。所以在界面亮度的设计中，对于周边的照度应该进行适度的控制。

基于此，在视觉信息的设计中应该保持一定的亮度，这样有利于信息的输入，但是又不宜太高。有人做过类似的研究，指出界面的亮度不宜超过 $34cd/m^2$。因此在具体的界面设计特别是界面的更替时，可以通过采用界面的淡入与淡出等方式来避免余晖所产生的负面作用。

2. 视觉对象呈现时间与界面设计

一般情况下，0.5s的视觉呈现时间能够满足视觉辨别的基本要求。如果将呈现时间设置在 2~3s，则最有利于信息的识别。

人的感觉通道对于信息的传递速率会受到刺激维度影响。一般认为，人每秒可以有效传递的信息是 7bit 左右的信息量，这个信息量是非常低的，当然在实际的信息传递过程中，信息传递速度会大于 7bit/s。这是因为感官的外界刺激是多维的。

对于界面设计而言，并不是一味地通过简单地增加形象的维度来达到信息的高传输率与高辨别度的目标，还需要根据具体的情况来进行设计。在视觉界面的设计中可配合其他感觉维度来进行协调，如通过听觉对视觉界面信息传递优化，这样将会大大地提高信息传递的效率和准确度。

3. 视觉记忆与界面设计

视觉记忆有一个非常重要的特征——首尾效应，如图 5-41 所示。

人对最初和最后进入人们视觉范围的信息正确记忆的百分数明显高于中间部分。基于此可以将一些需要人们记忆的信息或重要的信息放在界面设计中信息传递的首尾部分。

4. 视觉对象运动与设计

目标运动的速度对于视敏度也就是视力的影响是非常大的。如图 5-42 所示，目标运动的速度从静止到 180°/s，所对应的人的视敏度的变化是非常明显的。

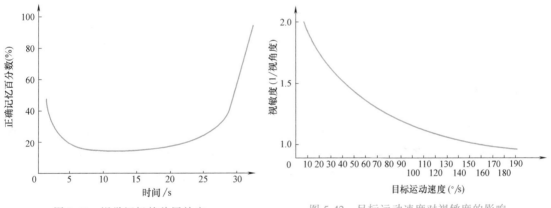

图 5-41　视觉记忆的首尾效应　　　图 5-42　目标运动速度对视敏度的影响

静止目标的视敏度是最好的，随着目标运动速度的加快视力会逐渐地下降。由于运动的物体更容易引起人们的注意，所以在具体的界面设计过程中应该要考虑到视觉对象的任务与目标。如果要将对象设置为移动的，便于引起人们注意，那么其运动速度不宜超过 80°/s。

5. 字符大小与视距

显示器字符大小与视距的关系见表 5-10。字符的大小不同直接会影响到观察的距离。例如，手持的移动设备手机等，其字符的大小可设置在 1~3mm，对于固定操作设备上的字符，其大小可设置在 3~6mm，对于工作环境中需要手持的遥控操作设施和设备，字符可以大于10mm，这样便于工作人员清晰地观察，以保证效率与安全。

表 5-10　显示器字符大小与视距的关系

视距/m	0.5	1.0	3.0
字符直径/mm	3	6	10

同时要注意，随着年龄的变化，视力会发生很大的变化，所以对于字符大小的设置，也要根据人的不同来进行调整。如果以 20 岁左右的年龄作为标准，当年龄增加到 40 岁时，界面字符的大小应该提高 1.5 倍左右，如果针对的是 50 岁左右的受众人群，字符的设计相对于 20 岁左右的年轻人来讲应该增加 2~2.5 倍，而 60 岁以上的老年群体字符的大小则需要增加 5~7 倍。

5.5 显示界面的设计优化

5.5.1 显示界面类型

在显示界面，一般将要显示的数据分为以下几种类型：

1. 工作条件参数显示

在特定的工作条件和作业环境下，通过显示界面向操作人员传递相关设备工作条件的信息，如汽车行驶过程中发动机的水温状态，实验室里的温度与湿度状态等，这些都需要通过特定的显示界面来告知人们当前设施设备工作条件的情况。

2. 设备工作状态的参数显示

实际的工作状态与理想的工作状态之间往往是有差异性的。因此要通过特定的显示器、显示装置向工作人员传递有关于机器设备的工作状态的信息。一般情况下这样的信息主要分为定性信息与定量信息两种。

1）定性显示。定性显示是指通过非量化的显示来传递设备等的状态。其概念与定量显示相对应。

定性显示一般不要求显示具体的参数，只要求清楚地显示偏离正常位置的程度。在定性显示中，可用色彩的方式来显示相关的信息。例如，用绿色等冷色系表示系统处于正常的工作状态，用黄色、紫色等来表示系统处于临界状态，用红色、橙色等表示系统处于危险状态。

2）定量显示。定量显示是指系统中设施设备的工作情况能够被确切的参数显示。例如，汽车的行驶速度、发动机的转速、油料信息等。

3）定性与定量结合。除了定性显示与定量显示以外，比较常见的是将两者进行结合。例如，汽车的仪表盘（图 5-43）既是定量显示也是定性显示。可以通过定量显示来告诉人

图 5-43　汽车仪表盘设计

们具体的车速，也可以通过色彩的定性显示来告诉人们当前车速的高低。生活中很多的显示界面设计，都是定性与定量结合的。

当系统按照人的要求工作时，相关操作人员需要通过显示装置来掌握输入信息的准确性，也就是当人在对相关设施设备进行操作时，操作的信息需要通过恰当的信息显示来告知人们操作的准确性与有效性。

5.5.2 显示界面设计

不管显示界面如何分类，其实本质都是人机信息交流的重要载体与渠道。界面设计的优劣很大程度上决定着人机交互的效率。

1. 显示界面的硬件设计

1）显示硬件与人的关系。显示硬件也会影响到界面设计的效果。例如，显示硬件与人的距离会直接影响到界面的图 文大小的设计。如手机、计算机、电视等与人的相对距离不同，那么设计表达方式也不同。硬件显示装置的大小尺寸与人的位置角度的关系是硬件设计的重要内容。

2）显示装置相对于操作者的最优布置区域。在许多的操作过程中，会存在着多个显示设施与人之间的信息交流，合理地优化和配置这些显示设施的位置，对于信息的有效传递是非常重要的。

2. 显示界面的内容设计

显示信息怎样能够有效地和人建立起良好的沟通关系是界面设计的内容部分，也是重点部分。

1）显示界面的刻度盘设计。就刻度盘而言，确实存在着被数字显示设备所替代的趋势，这是由于技术的更新与迭代所不可避免的。但是技术与设施设备的更新与迭代对人的认知习惯和行为习惯的改变是比较缓慢的。人们总是习惯基于以往的认知经验和行为习惯来认识与判断新出现的技术与事物。所以在很多新的数字界面的设计中依然存在沿用刻度盘设计思路的情况。

① 刻度盘的直径与刻度标记的数量和观察距离之间的关系。在一般的作业环境中，人与显示设备的观察距离通常在 500～900mm 之间。表 5-11 列出了在观察距离为 500mm 和 900mm 时，不同的刻度标记数量与对应的刻度盘的直径的关系。例如，观察距离为 500mm 时，刻度盘的直径不要小于 25mm，这样才能够达到基本的视觉要求，当然这只是一个参考值，在实际的设计过程中还需要根据特定的环境以及操作对象的差异性来实时地调整这个数值。

表 5-11 刻度盘直径与刻度标记数量和观察距离的关系

刻度标记的数量	刻度盘的最小允许直径/mm	
	观察距离为 500mm	观察距离为 900mm
38	25.4	25.4
50	25.4	32.5
70	25.4	45.5
100	36.4	64.3

（续）

刻度标记的数量	刻度盘的最小允许直径/mm	
	观察距离为500mm	观察距离为900mm
150	54.4	98.0
200	72.8	120.6
300	109.0	196.0

② 刻度的大小。刻度是指刻度盘里刻度线之间的距离。刻度的大小需要根据人的最小视觉分辨能力来进行确定。当人的眼睛在进行直接读数时，刻度的最小尺寸不能小于1mm，比较好的状态应该在1~2.5mm。当然还要根据具体情况具体分析。

图5-44所示为刻度大小对读数误差的影响。当刻度小于1mm时，平均读数误差是最高的，而当刻度大于2mm时，平均读数误差则会迅速下降。所以当外部环境条件允许时，应该适度增大刻度。

③ 刻度线的大小。一般情况下，刻度线分成三种类型，即长刻度线、中刻度线和短刻度线。界面设计中如果使用的刻度线类型多于三种，会增加人们对信息辨别的难度。

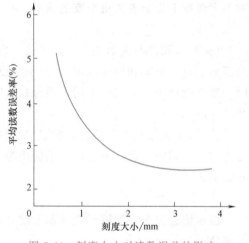

图5-44 刻度大小对读数误差的影响

刻度线长度与观察距离之间的关系，以及刻度线长度与刻度大小之间的关系，见表5-12和表5-13。

表5-12 刻度线长度与观察距离之间的关系 （单位：mm）

观察者距离/m	不同刻度线等级时的刻度线长度		
	长刻度线	中刻度线	短刻度线
≤0.5	5.5	4.1	2.3
>0.5~0.9	10.0	7.1	14.0
>0.9~1.8	20.0	14.0	8.6
>1.8~3.6	40.0	28.0	17.0
>3.6~6.0	67.0	48.0	29.0

表5-13 刻度线长度与刻度大小之间的关系 （单位：mm）

刻度大小	不同刻度线等级时的刻度线长度		
	长刻度线	中刻度线	短刻度线
≥0.15~0.3	1.8	1.4	1.0
>0.3~0.5	2.2	1.7	1.2
>0.5~0.8	2.8	2.2	1.5
>0.8~1.2	3.3	2.6	1.8

（续）

刻度大小	不同刻度线等级时的刻度线长度		
	长刻度线	中刻度线	短刻度线
>1.2~2	4.0	3.0	2.0
>2~3	6.0	4.5	2.5
>3~5	6.0	4.5	3.0
>5~8	8.0	6.0	4.0

这些数据对于设计而言都是参考数值，并不是可以绝对地运用到所有环境中的参数。这还需要与人自身的能力阈限大小进行协调，不同的人在不同的环境下，其能力阈限可能会有较大的差异性。人机工程学是一个在不断完善与发展的学科，随着外部条件与技术的发展，很多既有的参数也在不断地进行调整与变化，所以一定要根据特定的情况辩证地来参考相应的数据。

2）文字符号的设计。文字符号一般是由数字、汉字、字母以及各种专用符号共同构成的。对文字符号的优化设计有助于人机界面准确地传递相关信息，并方便人们快速地查询。

① 字符的形状。对于汉字字符，字符的形状一定要简单明了，采用直线与尖角的笔画，这样比较容易突出汉字的形状。汉字的基础字体有宋体和黑体，它们都属于这种类型的字体，形状方正、醒目，便于识别与辨认。

② 字符的大小。在外部条件允许的情况下，字符要尽量大一些，这样有利于人们的观察，但在具体的设计中却有很多外部限制条件，如成本的控制，空间环境的限制等。

字符的大小可以参考下面这个计算公式：

$$字符的高度 = 观察的距离 \times 人眼的最小视角 / 360$$

③ 字符的横宽比。恰当的字符横宽比有利于提高字符的辨识度。

有人就字符的横宽比做过研究，认为就字母而言，横宽比为5：3是便于识别的比例；而对于数字而言，横宽比为3：2是比较合适的。

对于字符的宽度与高度之比，有研究者认为1：8~1：6是比较容易被人们清晰阅读的。

除此以外，照明的条件以及背景的亮度等都对字符的横宽比有较大影响。这需要放在具体的显示环境中进行分析。

3）符号与标志的设计。除了字符以外，符号与标志对于界面设计也是非常重要的。用形象的符号与几何化的标志来替代文字与数字非常有利于提高辨别的速度和准确性。当符号与标志的形状与使用条件有着密切关系时，用符号与标志比文字描述更好，如用箭头指示方向。

界面设计中，符号一般分为简单的符号、较为复杂的符号和复杂的符号。

符号的信息载量与它的简易程度以及人的辨认速度和准确性密切相关。一般情况下，相对简单的符号与复杂的符号相比，其辨认的速度和准确性会更高一些。但在实际情况中也并不完全是这样的。人们对于过分简洁与抽象的图形其辨认能力相对来说较低。

表5-14所列为辨认速度和准确性的关系。由表5-14可见，最简单符号的辨认错误率反而是最高的，达到了10.8%。而中等复杂程度的符号的辨认速度和准确性相对来讲是最好的。它既可以保证相对快的辨认速度，又可以保持一个相对好的准确率。

设计中的人机工程学

表 5-14　辨认速度与准确性的关系

辨认速度和准确性的指标	符　号		
	简单的	中等的	复杂的
呈现的时间阈限/s	0.034	0.053	0.169
感觉-语言反应潜伏期/s	3.11	2.70	3.13
辨认错误率(%)	10.8	2.2	2.5

要在图形与符号的设计过程中保证比较好的信息传递，从人机的角度要注意几个点：

① 图形和符号与需要传递的客观信息之间应该有一定的相似性。

例如，刚刚举到用箭头来指示方向的例子，箭头与方向之间就有着一种内在的形式关联度，这有利于人们进行辨识。

② 要注意图形与符号特征的复杂程度。既不能过于复杂也不能过于简单抽象，这都不便于人们进行理解。

③ 要注意图形与符号的多个维度设计。

例如，形状与色彩的合理搭配以及图形符号与周边环境的对比关系等，甚至可以利用静态与动态的关系来提高图形与符号的辨识度。

总体而言，在图形符号的设计中要概括、简练、生动地表达出需要传递的内容以便于被人们认识，当然这是从人机的角度谈符号与图形设计，在符号设计中还会有很多其他的信息。例如，符号的设计从文化的角度来看与从人机界面角度来看是有差异的。人机界面的角度主要关注信息传递的速率与准确性，当然对于系统化的界面设计而言，其涉及的内容是方方面面的，不可能将一个复杂的界面设计简单地理解成各种数字、字母和图形符号的堆砌，它实际上是一个系统工程。

④ 在图形符号的设计过程中应该要考虑到图形与色彩的搭配问题。色彩对于提高符号的辨识度，作用直接且明显。在国家标准里也有很多相应规定，如对红色的应用，它表示停止、静止以及用于高度危险的环境下，而对于绿色一般用于安全、卫生以及表示设施设备安全运行。在实际的界面设计中，要考虑到不同的颜色搭配对于信息传递的效率和准确性的影响。

不同色彩搭配的效果见表 5-15。最清晰的色彩搭配是黑底黄字，而最模糊的色彩搭配是黑底蓝字，在设计时可以参考这个配色表。

表 5-15　不同色彩搭配的效果

配色效果	清晰的配色效果								模糊的配色效果								
底色	黑	黄	黑	紫	紫	蓝	绿	白	黑	黄	黄	白	红	红	黑	紫	灰	红	绿	黑
被衬色	黄	黑	白	黄	白	白	白	黑	绿	蓝	白	黄	绿	蓝	紫	黑	绿	紫	红	蓝

当然这样的搭配也不是绝对的，比如众所周知补色是比较醒目的一种搭配关系，但是从表 5-15 中看到红色与绿色的搭配被放在了模糊的配色效果里，这还需要根据具体情况具体分析。例如，红色和绿色搭配时，如果它们同等的用色面积，其醒目度确实不会很高，主要的原因是红色和绿色的明度值是比较接近，明度对比较低。如果通过改变色彩面积的相对大小，就像常说的"万绿丛中一点红"，或者改变其中一种颜色的明度值都可以有效提高色彩

搭配的清晰度。图 5-45 所示为清晰的配色效
果的呈现。

⑤ 目标亮度和背景亮度的关系。除了色
彩以外，在显示界面中目标的亮度以及目标与
背景的亮度比也在很大程度上影响着信息传递
的速率和辨识的准确性。一般情况下，目标的
亮度越高越容易被人们察觉，当然这个察觉值
并不是不断增高的。有学者认为，当目标的亮
度达到 $34cd/m^2$ 时，是最容易被人们所察觉
的，而超过这个亮度视觉信息传递的效率便会
逐渐地降低。

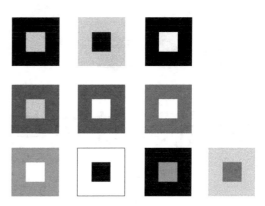

图 5-45　清晰的配色效果

⑥ 信息目标在界面中呈现的时间长短也直接影响着信息传递的效率和信息的视见度。
当信息呈现的时间在 10s 以内时，目标的视见度随着时间的增长而提高。但是需要注意的
是，当目标呈现时间大于 1s 时，视见度提高的速度开始逐渐减缓，在超过 10s 时，信息
延长的时间对于提高视见度基本没有太大的意义。通过研究发现，目标呈现的时间为 0.5s
时，大体上就可以满足视觉对于信息辨别的基本要求，一般认为目标信息呈现的时间为 2~
3s 时，最有利于信息传递。所以信息界面间的交替和转换设计要考虑信息呈现时间的长短
对于信息传递效率的影响。

第 6 章

听觉、肤觉与设计

6.1 听觉与设计

　　人的听觉器官具备分辨声音的强弱以及环境中声音大小和方向的功能。外界的声波通过外耳道传递到鼓膜引起鼓膜的振动，随后经过听骨链（听骨链是由锤骨、砧骨和镫骨构成的）的传递引起耳蜗中的淋巴液和基底膜的振动，使耳蜗柯蒂氏器官的毛细胞产生兴奋。这种振动的机械能转变为听神经纤维上的神经冲动，然后被传送到大脑皮层的听觉中枢，从而产生听觉。这是听觉产生的生理过程。人的听觉系统如图 6-1 所示。

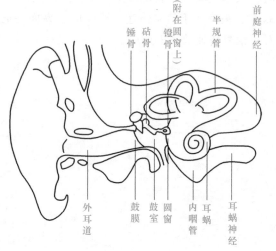

图 6-1　人的听觉系统

6.1.1 声音的特性

　　在讲听觉的特性之前有必要先讲一下声音的三个主要特性，即响度、音调和音色。

　　1. 响度

　　响度的单位是分贝（dB），也称为音量。响度受声音的大小与发声体的振幅共同影响。例如，音响就是通过调整和改变电流的大小，从而改变扬声器的振幅以达到改变声音大小的目的。响度是声音的基础特性，能被直观地感受到。

　　2. 音调

　　声音的第二个特性是音调。声音的高低也就是人们常说的高音、低音，是由声音的频率来决定的。声音的频率越高，声音的音调也就越高。

　　频率的单位是赫兹（Hz）。成年人耳朵的听力范围大约在 20 ~ 20000Hz 这个范围内。20Hz 以下的声波称为次声波，20000Hz 以上的声波称为超声波。次声波和超声波都超出了成年人的听力范围。

　　声音的频率是指在单位时间里发声体的振动次数。这里所讲的人耳的听觉范围是 20 ~

20000Hz，也就是指每秒声波的振动在 20~20000 次。

声音的频率越高，其音调就会越高。女声的频率要高于男声的频率，所以女人的声音相对来说音调较高，而男人的声音普遍比较低沉。

3. 音色

声音的第三个特性是音色。音色又称为音频，从声音的物理角度来讲，音色是由声音的波形决定的。直观地讲，这是由于材料的特性不同，会导致其声音的特性也有所不同。也就是由于材料而引起的音色变化。例如，同样音调和同样响度的乐器，笛子和唢呐的音色大不相同。

6.1.2　听觉特性

人的听觉特性主要有以下几个方面：

1. 听觉的频率响应特性

一般情况下，成年人的听觉频率范围在 20~20000Hz。人的听觉系统对于次声波和超声波是感觉不到的。而对于青少年来讲，能够感受到的听觉频率范围大概在 16~20000Hz。但是当人达到 25 岁以后，对于 15000Hz 以上的声波，其听觉的灵敏度开始显著地下降。人的听觉损失曲线如图 6-2 所示。

可见，随着年龄的增长，听力的频率感受上限逐年降低。日常生活中，年轻人的听力要普遍好于年长的人。但是对于 1000Hz 以下的低频率声音，听觉的灵敏度几乎不再受年龄的影响。这或许与低频率声音的穿透力比较强有关。这提醒人们，如果需要更广的适应人群的听觉界面设计时，考虑使用 1000Hz 左右的低频率声音更有利于相关信息的传递。人的听力范围如图 6-3 所示。

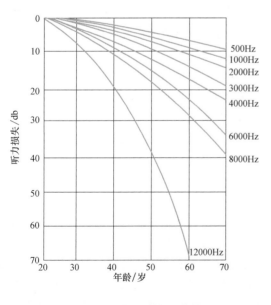

图 6-2　人的听觉损失曲线

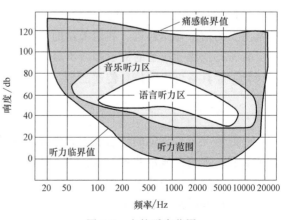

图 6-3　人的听力范围

2. 听觉对声音响度的辨别力

听觉的第二个特性是对于声音的高低强弱有着很强的辨别能力。人的耳朵对于频率的感觉是非常灵敏的，同时辨别声音高低的能力也十分突出。对于不同声音的响度，人耳能够准确快速地分辨出来。

但是需要注意的是，人耳对于声强的辨别能力与人的主观感觉是成对数关系的。即声音的强度每提高 10 倍，人的主观感受性仅仅增加 1 倍。当声强增加 100 倍的时候，人的主观感受性只增加了 2 倍。这符合前文所谈到"韦伯-费希纳定律"。可见响度对于声音而言很重要，但在利用响度进行设计时，却并不一定是通过简单地调高响度来达到信息传递的目标。

3. 听觉对于声音的方向和距离的辨别力

听觉的第三个特性是对于声音的方向和距离有着较强的辨别能力。这一点在日常生活中人们都有感受。

听力是"双耳效应"，也就是"立体声效应"。这是正常情况下双耳听觉所具备的特性。人听到声音的时候，可以根据声音传递到两个耳朵的时间先后以及强度的差别来判断声源的方向。

同时，头部的阻碍作用也会导致声音频谱改变，靠声源近的那只耳朵几乎可以完整地接收到声音的各个频率成分，而离声音较远的那只耳朵所接收到的却是"畸变"后的声音，在畸变后声音的中频和高频部分会相对衰减，这就造成两只耳朵所获取的声音是有差异的，这也是双耳能够辨识声音方向的生理机制之一。

4. 听觉的掩蔽效应

听觉的第四个特性是掩蔽效应。所谓的听觉掩蔽指的是一个声音被另外一个声音所掩盖的现象。这说明声音间是可以相互掩盖的。例如，在噪声环境下可以用音乐去掩盖噪声，以达到防止心烦意乱的情况出现。一个声音的听阈（听阈是指人的耳朵所能够感受到声音的频率和强度的范围）因为另外一个声音的掩蔽而提高的效应称为掩蔽效应。

所以在设计相关的听觉装置时，应该根据实际的情况对掩蔽效应加以利用或避免和克服。应该注意的是，人的听阈复原是需要经历一段时间的，当掩蔽的声音去掉时，掩蔽效应并不会立即消除，这个现象称为听觉的残留现象。

在听觉显示器的设计过程中，主要依据人的听觉特性来进行相关的设计，在实际条件下 70%～80% 的信息都主要是通过视觉来进行传递的，除了视觉，听觉是人机信息交互的一个非常重要的信息补充通道。利用听觉的特性进行相关的听觉显示器设计，在一些特定的环境下，具备其他感觉通道的显示器所不具备的优势。当然，利用听觉与视觉搭配进行信息显示器设计，会具备更优的信息传递能力。

6.1.3 听觉显示器设计

一般情况下，听觉的传递装置大概分为两类：一类是音响及报警装置；另一类是语言的传递装置。在信息显示和界面设计中，从设计角度出发，第一种类型是相对普遍被设计师所采用的。音响与报警装置这种类型的听觉装置的种类有很多，如铃、蜂鸣器、汽笛等。

由于这些听觉信息的传递装置具有信息传递反应快且配置不受方向和区域等条件影响等特点，所以在一些需要及时、简单且准确的信息传递设计中往往是被优先考虑的。特别是对于传递信息相对比较简单，要求传递信号非常迅速，且对于传递后的信息不需要反馈核查，传递的信息只需要涉及过程和时间时，使用类似的听觉信息传递装置具有其他信息传递装置所不具备的优势。

下面列举几个比较常见的听觉信息传递装置：

1. 蜂鸣器

蜂鸣器是音响装置中声音的频率和声压级都比较低的装置。

声压是指声波通过某种介质（如空气）的时候，其振动所产生的压强的改变量。声压级用于衡量声压相对于一个基准值的大小，通常用分贝来描述其与基准值的关系。由于蜂鸣器的声压级和频率都比较低，所以它发出来的声音相对比较柔和，不会使人产生惊恐和紧张，比较适合在相对宁静的环境中使用。

例如，汽车转向时所发出的滴答滴答的声音就是一种典型的蜂鸣器的鸣笛声。它能够很好地提示驾驶员车辆转向的状态，同时也不会给驾驶员造成感觉上的负担。

2. 铃

由于铃的用途与蜂鸣器不一样，所以它的声压级和频率还是有很大差别的，这必须要根据特定的使用范围和用途来进行区别。例如，电话铃声的声压级和频率要大于蜂鸣器，这便于在一个相对宁静的环境里不仅让人们能够比较好地注意到，而且又能够尽量减小对人的负面影响。

3. 汽笛

汽笛一般有高声强和低频所配合的吼声，以及高声强和高频所配合的尖叫声这两种。通常情况下，汽笛适合于高噪声环境下的报警信息传递。其传递的范围大，如轮船、火车等的汽笛声。

4. 警报器

警报器的声音强度是比较大的，它可以传播很远，同时它有频率变化的特点，通常是由低到高的变化，所以警报器的声音既具有高声强的特点，又具有频率高低变化的特点。这种特点最大的优势是能够有效地抵抗其他噪声的干扰，能够特别引起人们的注意并且具有强制性被人所接受的特征。所以被常常用于火警、匪警等警报器设计中。

通过上面几个音响装置设计的例子可以看到，听觉信息的传递装置设计，必须要考虑到人的听觉特性以及装置使用的目的和使用的条件。总结而言，在设计中应该要注意以下几点：

1) 为了提高听觉信号的传递效率，在有噪声干扰的环境中应该要选择声频和噪声的频率相差比较远的声音来作为听觉的信号。这样能够削弱噪声对于信号的掩蔽作用。

声音的听觉信号与噪声强度的关系常用信号与噪声的强度比值，也就是"信噪比"来描述。其计算式为

$$信噪比 = 10\lg(信号强度/噪声强度)$$

当信噪比较小时，人们对听觉信号的可辨性是相对比较差的，反之，如果信噪比较大，那么听觉信号的可辨性就较好，所以根据不同的作业环境选择合适的声音信号强度，对于提高听觉显示器的信息传递效率是非常重要的。表6-1列出了几种常用的听觉信号的主宰频率和强度。此表适用于小面积和低强度的轻声蜂鸣器，当距离为 0.9m 左右时，它的平均强度水平在 70~80dB 左右。其主宰的可听频率在 400~1000Hz 范围内，汽车转向过程中的声音信号就在这样一个频率与强度的范围内。

表 6-1　几种常用的听觉信号的主宰频率和强度

分类	听觉信号	平均强度水平/dB		主宰可听频率/Hz
		距离 3m 处	距离 0.9m 处	
大面积、高强度	10cm 铃	65~77	75~83	1000
	15cm 铃	74~83	84~94	600
	25cm 铃	85~90	95~100	300
	喇叭	90~100	100~110	5000
	汽笛	100~110	110~121	7000
小面积、低强度	重声蜂鸣器	50~60	70	200
	轻声蜂鸣器	60~70	70~80	400~1000
	2.5cm 铃声	60	70	1100
	5cm 铃声	62	72	1000
	75cm 铃声	63	73	650
	钟声(谐音)	69	78	500~1000

　　2）当有多个听觉信号的时候，听觉信号之间应该有明显的差异性。同时，对于一种信号在所有时间内，所有情况下应该代表同样的信息意义。即一种声音信号应该自始至终代表同样的一种信息意义，这样能够提高人们听觉的反应速度，以及避免对信号的混淆。

　　3）当使用间断和变化的信号时，应该要避免使用连续的、稳定的信号，这样能够避免人们的听觉产生适应性（听觉疲劳）而降低信息传递的效率。

　　例如，警报器的频率就是由低到高不断地进行升降变化的。

　　4）当声音的信号需要传播比较远，且需要绕开障碍物时，选择大功率的低频声音信号效果会更好。

　　5）对于危险的信号，至少要从声压、频率和持续时间里面选择两个声学参数来进行设计，以加大其声学信号与噪声的区别，特别是危险信号的持续时间，应该设计为与实际的危险存在时间保持一致。这样才能够保证相关信息传递的有效性。

　　在进行相关的听觉信息界面设计过程中，应该重点考虑以上几个方面。这几点对设计师进行相关的听觉信息界面和装置设计有着重要的指导性作用。

6.1.4　噪声

　　噪声对人的负面影响是不言而喻的，可以看到，在声音的信息设计过程当中，大多数时候都是在考虑如何最优地处理声音的信号本身与噪声干扰之间的关系。

　　噪声除了对信号产生干扰外，其本身对于人们的生活、工作、学习和休息也会造成很大的影响。世界上有很多与噪声相关的标准，我国也有一些相关标准。例如，《声环境质量标准》GB 3096—2008 对于不同环境中的噪声的等级做了相关的规定。

6.2　肤觉与设计

　　从人们的感觉系统对信息传递的重要程度而言，肤觉的相对重要性仅次于听觉。皮肤是人体非常重要的感觉器官，当人与外界环境接触时就会形成肤觉。

6.2.1 肤觉的特性

人体皮肤主要有三种感受器，分别是触觉感受器、温度感受器和痛觉感受器。

与皮肤的感受器所对应的皮肤感觉主要有四种：冷觉、热觉、痛觉和触觉。

1. 温度觉

温度觉分为冷觉和热觉两种。两种温度觉是由不同范围的温度感受器引起的，当皮肤的温度低于30℃时，冷觉会被启动，当皮肤的温度高于30℃时，皮肤的热觉将被启动，当皮肤的温度接近50℃时，皮肤的热觉达到其高限，也就是说当温度达到50℃及以上的时候，肤觉对于温度的感受性会下降。这符合前文所谈到的"韦伯-费希纳定律"。

2. 痛觉

对于肤觉的痛觉而言，凡是剧烈的刺激，无论是冷、热，还是接触或压力都有可能产生痛觉。正如当温度过高的时候温度觉会转化为痛觉。

痛觉是由处于皮肤中的痛点传递的，神经末梢在皮肤中的分布部位称为痛点。痛点在人体皮肤上大量分布，通常在$1cm^2$的皮肤上大概分布有100个左右的痛点，人体全身皮肤上所分布的痛点数目可以达到100万个。这样庞大的痛点分布为人们能够快速地感觉到疼痛发挥了重要的作用。

痛觉对于人来讲是有着巨大的生物学意义的，因为痛觉产生的时候可以让机体快速地产生一系列的保护性反应，来回避相应的刺激物以及各种危险。正是有了痛觉，人们才能自觉地远离各种潜在的危险。

3. 触觉

相对于温度觉与痛觉而言，与设计相关度更高的是肤觉中的触觉。

（1）触觉的类型 通常情况下把触觉分为以下两种类型：

1）触压觉。由于受到刺激物的刺激强度不同，触压觉可以分为触觉和压觉。较轻的刺激所产生的接触感觉称为"触觉"。而刺激的强度增大的时候则会产生"压觉"。

2）触摸觉。触摸觉是肌肉运动与皮肤感觉相结合而共同产生的感觉，也称为皮肤运动觉或触觉运动觉。也就是说，触摸觉是在人的主观支配下，通过手的运动感觉和肤觉共同将感觉信息传递给大脑，再经过大脑的综合分析以后对触摸物体的特性，以及物体与人相对应的空间关系进行辨别。所以触摸觉是具有主动性特点的。

（2）触觉的感觉阈限 除了触觉的两种类型以外，触觉也有相应的感觉阈限。比如，人的皮肤受到外界的刺激，皮肤表面的组织会产生位移。通常情况下，人的皮肤位移只要达到0.001mm就能够触发人的触觉。当然在实际情况下，由于皮肤的不同区域对于触觉的敏感性有相当大的差异性，所以人体的不同部位对于触觉的感受性也不一样。这主要是由皮肤的厚度以及神经分布不同所引起的。

身体不同部位的触觉绝对感受性从高到低序依次是：鼻、上唇、前额、腹部、肩部、小指、无名指、上臂、中指、前臂、拇指、胸部、食指、大腿、手掌、小腿、脚底、足趾。

生物学家万弗瑞曾经对皮肤触压觉的刺激阈限做过试验。万弗瑞以0.1个工程大气压（1个工程大气压是$1cm^2$上面的1kg力的大小）作为参照值来比较人体各个部位上皮肤触压觉的刺激阈限。

设计中的人机工程学

相对于 0.1 个工程大气压而言，舌尖的刺激阈限是 2，指尖的刺激阈限是 3，腰部的刺激阈限是 48，足掌后背的刺激阈限是 250。表 6-2 所列不同部位皮肤触压觉的刺激阈限的差异性是很大的。最大的差异达到 125 倍。

表 6-2　皮肤触压觉刺激阈限（9.80665Pa）

身体部位	舌尖	指尖	指背	前臂腹侧	手背	腓、小腿	腹	前臂背侧	腰	足掌后部
刺激阈限	2	3	5	8	12	16	26	36	48	250

（3）触觉的辨别力　触觉是能够辨别物体的大小、形状、硬度、表面的肌理以及光洁程度的。产品设计时要利用人的触觉特性来设计具备不同触感的操纵设备，以使操作者能够快速、准确地辨别和操作具备各种不同功能的操纵设备。

（4）触觉定位　触觉能够区分出刺激所作用在人体上的部位，称为触觉定位。

将被试者的眼睛蒙起来，然后让其对刺激做出定位反应。比如，对被试者皮肤上的一点进行按压，并以此点作为参照点，要求被试者尽可能准确地标识出被按压的参照点位置，被试者所标识出的这个点称为反应点。通常情况下参照点与反应点之间会有一定的距离误差，这个距离误差称为定位误差或定位阈限。当然定位误差越小则说明触觉的定位准确度越高。

通过试验发现，人体各个部位的触觉定位准确性并不一样。比如指尖和舌尖的定位准确度就非常高，其误差仅在 1mm 左右。其次，人的头部、面部等部位的定位准确度也是比较高的。而人的躯干和四肢的定位准确度则相对较低，如人的上臂、腰部和背部等部位相对于刺激点的定位误差能达到 10mm 左右。

一般来讲，人体具有精细的肌肉操控的区域，其触觉的敏锐度也是相对更高的。在触觉发生过程中，如果有视觉的参与，那么对于触觉的定位的准确性是会有较大的正面影响的。也就是说，视觉参与得越多，触觉的定位准确度就越高。

（5）触觉的两点阈　与触觉定位比较容易混淆的一个概念是触觉的两点阈。即人的皮肤不仅能够区分刺激所作用的部位，同时还能够辨别出所受的两个不同刺激之间的距离。

如果人体皮肤同时受到两个刺激点进行刺激，当能够刚刚感知到这两个刺激点时，这两点间的最小距离称为触觉的两点阈。这也说明，人的触觉是能够感知刺激点的距离差异的。当然这个距离必须要大于人的最低的感受值。

无论是触觉的定位还是触觉的两点阈都是触觉对于空间的感受性。两者的区别主要在于触觉定位是以身体躯干作为参照系的。而触觉的两点阈是以相邻的刺激点作为参照系的。

人体中，手指的触觉两点阈值是最小的，这也是人的手指能够参与大量的精细操作的重要原因。

6.2.2　触觉编码

基于触觉的特性在具体的设计过程中对设计对象进行"触觉编码"。在复杂的人机系统中，操纵器的数量是很多的，为了能够快速、准确、方便地进行各项操作，触觉编码是有效的方式之一。

常见的触觉编码方式有三种：大小的编码、形状的编码以及位置的编码。

前面曾经谈到过，第二次世界大战时期，一些飞行事故是由于飞行员的操作失误导致的。而操作失误的诱因主要是飞机的操纵装置的差异性和辨识率比较低，致使飞行员在紧张环境下操作失误。之后，不少人机专家对操纵器的触觉编码进行了大量研究，以提高操作人员的触觉辨识速度和准确性。

1）大小的编码。辨识物体的大小是触觉的重要的空间识别能力。例如，辨别物体的体积、长度、面积等。而其中触觉对于长度的辨别是最基本的辨别能力。触觉感知较长的物体比感知较短的物体其精确性更高。同时，人的手指在感知物体长度时，其感知结果与手的运动方向有着密切关系。

手指对水平方向上运动物体感知的精确性比对垂直方向上运动物体感知的精确性要高得多，即物体如果处于垂直方向其长度往往容易被高估，所以在设计中如果需要对物体进行精细化辨别，特别是对长度的辨别，采用水平方向上运动会是更理想的选择。

2）形状的编码。触觉对于形状的感知很大程度上依赖于触摸觉，即通过人的主动感知来实现。人用手触摸物体的时候是能够精确感觉到其平面和立体形状的，所以在设计中，特别是在需要减轻视觉负荷的操作设计里，通过不同形状的操纵器来提高触觉的辨识度是很有效的方法。

图 6-4 所示的手柄是通过其形状的不同来提高人们触觉的辨识度的案例。

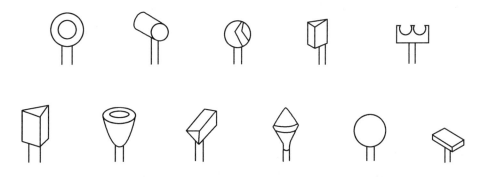

图 6-4　便于触觉识别的手柄形状设计

在具体的设计过程中，还可以通过复合的编码方式，比如除了形状以外，还可以增加大小、色彩等差异性来提高手柄等的辨识度。在现实的工作和生活当中，需要实现盲操作的设备不少，如何在视觉不参与的情况下仅通过触觉来达到对相对复杂的信息进行识别，这对于形状编码而言是很有价值的。在具体的设计实践中，有着明确的形状特征和清晰的轮廓特点的形状编码，以及恰当的高宽比设计，都能够很大程度上形成独特的形状编码而提高触觉对于形状的辨识度。

3）位置的编码。触觉的位置编码也是非常重要的，因为人对于空间中相对位置的记忆是以人体躯干为参照的。人通过触觉等来获取操控对象的相对位置信息。

"费兹法则"的提出者保罗·费兹（Paul Fitts）与其同事都曾经做过触觉的位置编码实验。按照他们的实验，垂直面板的按键分布，在被试者视觉不参与的情况下，垂直排列的按键的相邻距离为 12cm 时其辨认的准确率是最高的，而水平排列的相邻按键的距离为 20cm 时其辨认的准确率是最高的。但是在实际情况下，在人的视觉的参与下，无论是按键的垂直距离还是水平距离，实际距离都小于 12cm 和 20cm。按键的位置及相互距离如图 6-5 所示。

设计中的人机工程学

6.2.3　触觉特性与设计

对于触觉特性在设计实践中的应用，下面归纳了几点以供参考。

1）触觉在对操纵器的形状辨别时，简单的形状比复杂的形状更容易辨识。形状的外部轮廓差异性比较大时更容易被准确地辨别。所以在操纵器的设计中，应该依据简单性原则和轮廓清晰性原则来进行设计。

2）以手指的触觉刺激为参考，当力大于0.83N时就可以引起皮肤的变形而产生

图6-5　按键的位置及相互距离

触觉。这意味着，在具体的设计中，比如按键的设计，按键的力度反馈应该要大于0.83N，这样才能够给人们明确的力的信息反馈。

3）数字面板的虚拟操作按键设计，很多情况下并不有利于人们的安全操作，很大程度上是由于其缺乏相应的力反馈，特别是在生产作业环境里，液晶显示屏的触摸按键相对于传统的按键其信息的反馈性要差很多，操作者只能够通过视觉的反馈来确认其操作是否正确。这实际上是减去了触觉的知觉反馈，所以并不是数字操作面板一定会好于传统的机械操作面板，这还要根据具体的操作要求来进行具体的判断。

4）触觉的刺激信号主要有震动刺激、电刺激和空气流动等刺激。在不同的频率，不同的皮肤部位，不同的作用时间，对于触觉的刺激信号可以进行混合编码，而形成大量的不同刺激信号。

5）这三种刺激信号各有优缺点，震动刺激的适应性比较小，但是适合于长时间使用。电刺激的刺激性比较强，可用于警戒性的信号，但是却不适宜长时间使用。空气流动刺激的分辨能力相对比较差，不适宜用于比较复杂的信号传递，但是对于一些空间中的简单追踪作业还是有一定意义的。

6）触觉的编码设计过程中一定要有形状和大小的差异，这样才能便于被触觉所分辨。

7）用于触觉辨认的物体，无论是什么形状都应该具备立体特征，这样才能被触觉所感知。

8）触觉的精确度低于视觉，所以触觉通常用于视觉通道负荷比较重的情况下，来减轻视觉的负荷。与触觉相关的形状符号一般要配合视觉来设计。

9）操纵器的设计过程中，如果需要触觉对于一系列的形状进行辨别，应该让单独的操纵器之间保持适当的距离以避免混淆。

10）要依据操纵器的功能与操作者躯干的关系，将操纵器安排在操作者的躯干的同一方位，以便于将人们身体作为参照系来工作，这样能够减轻思考的负担，同时提高工作的效率和安全性。

11）在控制面板的设计中，要根据人的生理解剖学的特点来设计。例如，汽车的换档杆的运动行程应该与人的前肢保持相适应的运动方向，这样有利于保证操作的效率和精度。

综上所述，无论采用什么样的触觉设计，其目的都是为了让操作者在最短的时间里准确地通过触觉来辨认相关的信息并进行操作。在多数情况下，触觉编码是对视觉和人体其他感

觉的有益补充，所以在设计中需要根据"人、机、环境"关系的不同对触觉进行研究。总体而言，触觉设计是设计的重要组成部分，所以在很多设计课程里，如基础设计、功能形态设计等都离不开与触觉相关的研究内容。

6.3 振动与设计

振动与上一节所谈到的肤觉有着密切的联系，但是它又不完全只与肤觉有关。由于振动对人的生理和心理的影响非常大，并且导致振动的不少原因与设计有着密切的联系，所以有必要将振动与设计进行单独讲解。人体是由多个器官组成的有机体，可以将其看成是一个有着多个自由度的振动系统。由于每个人的肌肉、骨骼等的弹性有一定差异，所以吸收振动的情况也有区别。人体振动是呈非线性特性的，在复杂情况下，即便是同一个人在不同的状态下其身体所受振动的特性也是有差异的。

振动对人的影响主要分为"全身振动"和"局部振动"。全身振动是指由振动源（振动车辆、机械和设备等，以及活动的工作平台），通过人体的支撑部分（如人的腿部、臀部等）传递到全身而引起的"接振振动"。在实际工作中，全身振动主要是坐姿状态下的振动和立姿状态下的振动两种。由于人的足部有一定的减振作用，所以坐姿状态下的振动对人的影响相对于立姿状态会更大一些。局部振动是指振动通过相应的振动源（如振动的工具和机械等）传向人的手和前臂 进而传递到全身而引起的接振振动。所以局部振动又称为手传振动或手臂振动。

不少人或多或少体验过振动对于人的影响和伤害。一些需要长期暴露在振动环境里面的工作，往往会导致人们出现骨骼、肌肉以及关节的病变，对人的负面影响是非常大的。

6.3.1 人体的振动特性

1. 振动对人体影响的主要因素

1）振动的频率。人体能够感受到频率为 1~1000Hz 的振动。20Hz 以下的大幅振动对于人的影响主要是前庭和内脏器官。而高于 40Hz 的高频振动对人的神经功能的损害会比较明显。

2）振幅。在一定的频率下，振幅越大对于机体的影响也就越大。所以在设计中，减小振幅有助于减小振动对人体的负面影响。

3）振动的加速度。振动的加速度越大，对人的影响就越大。

4）接振的时间。人体的接振时间越长，对人体所产生的危害就越大。

5）在不同的体位和操作方式下，振动对人体的影响是不一样的。例如，就全身振动而言，立姿时对于垂直的振动比较敏感，而卧姿时对于水平的振动比较敏感。在一些强制体位，如手持工具和手抱着工具，且紧贴胸部和腹部时会引起体内相关器官的振动，可导致体内的循环不畅并诱发相关的疾病。

6）高温和低温环境以及噪声环境对振动给人带来的负面影响有放大作用。特别是在寒冷的环境，相同振动频率和振动幅度的振动对人所产生的伤害要比正常温度下给人所带来的伤害大得多。

设计中的人机工程学

2. 振动伤害的产生原因

在正常的重力环境下，人体对于频率为 4~8Hz 的振动传递率是最大的，其相应的生理效应也是最大的。人们把频率为 4~8Hz 的振动称为"第一共振峰"。在频率为 10~12Hz 时会出现"第二共振峰"，在频率为 20~25Hz 时会出现"第三共振峰"。而后随着频率的增高，振动在人体内的传递率会逐渐衰减，其生理效应也会逐渐减弱。

图 6-6 所示为坐姿人体对于垂直振动的传递率。

由图 6-6 可以看出人的肌肉处于紧张状态的情况下，其振动传递率的峰值明显高于肌肉处于松弛状态时。所以当人不可避免地暴露在振动环境里时，身体保持放松会相对减少振动对人体的影响。

人体是由不同器官组成的有机体，每个器官在不同轴线上的固有频率是不一样的，如图 6-7 所示，但是可以看到人体主要的器官以及平均的固有频率大概是在 z 轴（纵轴）方向上为 4~5Hz，在 x、y 轴

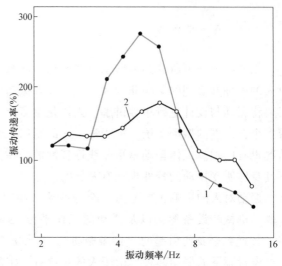

图 6-6　坐姿人体对垂直振动的传递率
1—肌肉紧张状态　2—肌肉松弛状态

（水平方向）上面是 1.5~2Hz，所以在 z 轴方向上应该要尽量避免 4~5Hz 的振动产生以减少由于同等振动频率而引起全身的共振。而在水平方向上要减少 1Hz 左右的振动。全身共振对于人体，特别是体内较大器官（胃、肠等）的影响是非常大的。

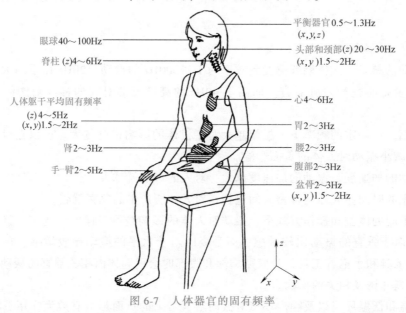

图 6-7　人体器官的固有频率

总结而言，振动加速度的有效值、振动的方向、振动的频率和振动的时间，这四个要素对人体会直接产生影响。

3. 振动的分类

根据振动对人体的影响程度可以将其划分为以下三种类型：

1) 舒适型。在这个振动范围内，没有由于振动而引起人体的不舒适感。人们可以顺利地完成相关的工作和学习。

2) 效率型。在这个振动范围内，人们能够在规定的时间里保持正常的工作状态与效率。

3) 安全型。它是身体能够承受振动的上限范围，如果超出了这个界限会导致人的健康受到损害。

6.3.2　人体振动与设计

1. 全身振动与设计

基于人体振动的特性，对于人体的全身振动特别是坐姿状态下的振动做一个初步的总结：

1) 振动频率对人体有直接影响。振动的变化规律是随着加振的方向和人体的姿势不同而不同，在垂直振动方向上 4Hz 左右的振动有明显的共振点，而在前后水平方向上的共振点大概在 1Hz 左右。振动传递率随着频率的增加而下降。当人在坐姿状态时，左右水平方向上振动的传递率也是随着频率的增高而降低的。人体的左右方向相对比较柔软，其减振性能相对比较好。

2) 坐姿状态的垂直振动和前后水平振动的传递率明显高于立姿状态。这主要是由于人体的腿部是一个非常重要的吸振缓冲器。坐姿状态下腿部不能发挥吸振作用，所以坐姿状态的人体减振设计对于保证人的生理、心理健康更为重要。

3) 人体的肌肉处于不同的紧张状态下，振动对人体的影响是不同的。

4) 人体的刚度随着振动幅度的增大而降低，这也说明人体是一个非恒定的振动系统，降低振幅可以减小振动对人体的负面影响。

人在坐姿状态下的抗振性能比立姿要差，坐姿时脊柱、胸和腹部受振动的影响比较大，所以很多汽车驾驶员比较容易产生脊椎的振动伤害和胃病等职业病。胃在整个腹部器官里质量是较大的，所以在受到外部振动时产生的共振以及振幅都会相对较大。

2. 手传振动与设计

除了全身振动，手传振动与设计的关联度也是非常高的。在具体的设计过程中，可以采用以下设计方式来减少手传振动对人的负面影响：

1) 工作过程的选择和调整。减少和规避振动暴露的过程，通过工作流程的再设计减少人与振动源接触。

2) 选择和设计低振动暴露的工具。给工具增加相应的支撑，以减少振动对人体的影响。

3) 降低低温与振动叠加给人体带来的不利影响。对一些带振动的设备手柄，通过局部加热的方式来促进手部的血液循环而减小振动对人体的负面影响。

4) 对手柄的形状进行设计时，要避免在接触区域的皮肤上形成较大的压力，这样能够减少振动的传递效率。手柄的设计要在合理范围内减小与人的接触力，如握力、推进力等。对于振动而言，握力、推进力越大，它所引发的人体共振也就越大。

设计中的人机工程学

　　例如，电动工具手柄设计（图6-8）时，使用大的接触面而形成比较高的握力，可能并不一定是最好的设计。这种情况需要有一个平衡点，既能够更好地减少共振，同时又能够保证工具正常的工作姿态。例如，在减少接触力的同时用其他的辅助设备来增强其稳定性。因此，在实际设计中，要对多个条件进行综合评价与考虑，不能为了达到其中的一个目的而牺牲其他方面的效益。

图 6-8　电动工具的手把设计

　　振动是肤觉所引出来的一个重要的设计话题。回到人的感觉的特性，到这里已经谈到了视觉、听觉和肤觉。除此以外人体还有其他的感觉，如人体的本体感觉，即人在各种活动中能够给出身体和其四肢所在位置的信息。本体感觉又分为平衡觉和运动觉。对于人的平衡系统和运动系统在前面有讲述。另外人还有味觉、嗅觉，由于味觉和嗅觉与设计的关联度相对较低这里就不再讲述。有必要说一下的是，嗅觉在一些特定的条件下，也有重要设计意义和应用价值。例如，通过气味来传递警觉信息，家里天然气里就加入了臭味剂"四氢噻吩"，即便少量的天然气泄漏人们也能闻到，这便是利用嗅觉来保障人们安全的案例。

第 7 章

操作与设计

7.1 上肢操作与设计

在工业设计、产品设计中，一旦存在"人、机、环境"的关系问题，往往都会涉及人的上肢操作。本节主要讲述上肢操作与设计的几个主要问题。

7.1.1 操作行为与职业伤害

实际工作和生活中，上肢的操作行为占到了实际人机关系中的大部分内容。在不少人机关系的研究中，将人体上肢的操作作为人机研究的重要部分。上肢的主要操作行为有提举/放下、抱握、搬运、拉、推等，如图 7-1 所示。

提举/放下　　　　　抱握　　　　　搬运

拉　　　　　推

图 7-1　上肢操作行为

设计中的人机工程学

上述几种操作行为占到了上肢操作行为的绝大部分，这些操作行为对人体健康特别是肌骨劳损等方面都有相应的影响。表 7-1 统计了一些操作行为所关联的事故发生率。

表 7-1　操作行为所关联的事故的发生率

操作行为	事故事件	事故率
搬运	133	15
抱持	96	11
提举	692	77
放下	107	12
放置	145	16
拉	65	7
推	39	4
铲	14	2
其他	25	3
总共	906	

由表 7-1 可见，事故率最高的是与提举相关的操作行为，事故率达到了 77%。由于提举对人们的伤害是比较严重的，其中对人的腰背部影响格外明显，在第 3 章中关于腰背部的受力问题已经有所提及。参与调查的工人所报告的事故事件很多都超过了一项，在实际的工作中事故可能会同时与多种操作行为有密切关系。经过分析，操作行为对人造成伤害的主要原因有以下三个方面：

1）用力过度。在工作中，由于过度用力导致身体伤害的事件是比较常见的。

2）不良的姿势。由于特定环境的限制，人们不得不保持一个不良的工作姿态，如果这样的不良工作姿态持续的时间过长或幅度过大就容易对人体造成伤害。

3）动作的重复频率过高。工作中某个特定的操作行为频繁重复，容易造成机体疲劳而导致肌骨劳损。

因此在相关的工作程序和工具设计中，一定要对这三个危险因素进行综合考虑和分析。

7.1.2　减少操作行为伤害的设计策略

针对以上三方面的问题，从宏观上讲，要避免操作过程中过度用力就要考虑将物体的重量尽量减轻，特别是减轻相关重量的总和，这里所指的相关重量涉及操作对象本身的重量、工具与设备的重量以及人体自身的重量等。当然对于重量的减轻是相对的，同样的负重当在相对长的时间里其对人体的影响就相对较大。还可以通过省力设备的设计来对物体或人体起到一定的支撑作用，从而减轻重量对人体的负面影响。

另外还要考虑在操作过程中人体运动的角度、操作持续的时间、频率和身体的姿态等。在 ISO 11228 中，针对用力过度、不良姿势和动作的重复这三个方面分别给出了应对策略和设计建议。

1）对于提举而言，95%的男性提举对象物的重量不宜超过 25kg，99%的女性提举对象物的重量不要超过 15kg。

2）在提举过程中，人体的姿态要保持平衡、稳定，要减少周边条件的不良限制，使人体处在自然直立的状态。

3）在用力过程中，要尽量避免躯干的扭曲，防止在用力过程中由于躯干扭曲而导致意外伤害。

4）在操作过程中，操作的对象离人体的水平距离不宜超过 25cm，即操作的对象应该在可能的条件下尽量地靠近人体重心，这样能够最大限度地减少人体的负荷。

5）在用力过程中，如果存在垂直方向上的抓握行为，那么抓握的对象所处的高度不宜超过肘部 25cm。过高地抬举手臂会导致人的上肢由于重物移动的行程过大和手臂自身的重量的叠加而导致肌肉骨骼的负荷过大。

6）在紧握物体的时候，人的手腕部分应该保持非扭曲的自然状态。这样能够确保手部的用力，减小如手腕腱鞘炎等病症的发生概率。

另外，ISO 11228 标准中还建议，人们每天提举用力的工作累计时间不宜超过 1h，而且其操作的频率不宜大于 0.2 次/min。目的是在可能的情况下尽量地降低操作的强度。

由图 7-2 可见，工作时间少于 1h 与 8h，人单位时间内提举的重量和次数，前者明显优于后者。这从一个侧面也反映出，相对少的用力操作时间会更有利于人体健康。

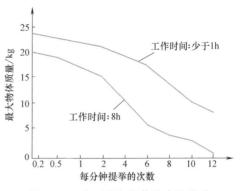

图 7-2　工作时间与操作效率的关系

同时还要考虑用力操作过程中温度、湿度和噪声等周边环境对人体的影响。对于温度而言，人体在相对低的温度条件下进行用力操作，产生伤害的概率要大于在温暖的环境里进行同等力度的操作。所以在用力操作过程中，让外部环境保持相对舒适和温暖的状态，有利于减少操作过程中可能产生的职业伤害。

1. 推拉行为与设计

ISO 11228 对于推拉操作行为的用力标准给出了建议值，见表 7-2。

建议高强度的推拉操作时间每个工作日不超过 1h。

1）男性的手握高度保持在 95cm。

2）女性的手握高度保持在 89cm。

3）推拉物体的行程在 2m 范围内。

表 7-2　ISO 11228 规定的双手推拉力

	90%的男性	90%的女性
双手推:初始力	342	220
双手推:持续力	230	130
双手拉:初始力	320	230
双手拉:持续力	240	140

注：条件为推拉的时间每个工作日不超过 1h。手握的高度：男性 95cm。移动的行程 2m。

由表 7-2 可见，推力的初始力一般要大于拉力，但是拉力的持续力要大于推力，在实际工作中，人体的主要用力是持续力。因此，在用力推拉行为中拉的操作行为要优于推的操作行为。所以在设计中要善于利用"拉"与"推"的特点。

2. 用力行为与设计

减少用力过度而造成的伤害可以从以下几个方面进行考虑：

1）对用力的操作行为提供相应的辅助设施与设备。例如，通过传送设备来减少推拉行为，通过升降设备来减少提举行为。

2）通过设计来改变用力的方式。上文提到，在持续用力的过程中拉的行为要优于推的行为，所以如果将提举的行为改为推的行为，或将推的行为改为拉的行为，这会在很大程度上规避由于用力过度而造成的人体伤害。

3）改变设施与设备的形状、大小以及方位。例如，对于需要进行拉的行为，将拉杆的方向设计为横向的水平放置，在不少情况下会优于纵向放置。

4）通过设计减小操作对象的体量。例如，通过分装的方式来减小每次所要用力的强度。

5）工作台的设计，要考虑操作对象尽可能靠近人，这会有利于减小人的施力。

6）在用力过程中，加强保护性的措施。例如，通过相应的服装和鞋帽来保护人体，以免在用力过程中受伤。

3. 人体姿态与设计

除了用力以外，在操作过程中对人体会产生较大影响的便是人体的姿态。对于人体的姿态而言，要保持在操作的过程中处于自然的姿态状态，避免身体频繁地在水平方向上的扭曲，以及在垂直方向上的弯曲。

1）在操作过程中操作对象要尽量地靠近人体，这样能够让人的身体保持自然的站立姿态，双手保持在自然的放松状态，而人体的用力也会相对更小，这更有利于减少职业伤害。

2）避免大幅度和频繁的弯腰。例如，通过相应的设计来减少工人弯腰的频率和幅度，对于工人的腰背部保护是非常有价值的。又如，在操作过程中利用桌椅的旋转来避免身体的扭曲也能够保证身体处在相对自然的姿态。

3）上肢的操作行为中，要避免手部的频繁过高抬举。例如，手部抬举应该避免超过肘部 25cm 。这是因为过高的抬举会使人的肩背部和上臂始终处在紧张的状态。而长时间的操作会导致疲劳累加而形成伤害。工业设计师亨利·德雷福斯对于手的操作曾经给出过建议：当手低于肘部 76mm 时手臂的操作效率是最高的，人的负荷也是最低的。在操作的过程中，手略低于肘部会使人的上肢处在更放松更自然的姿态，这样有利于人体长时间的工作并且避免相应的伤害。

归纳起来，要规避操作过程中的不良姿态，可以从以下几个方面进行思考：

1）通过脚步移动来减少上身的扭转。因为身体的过多扭转相对于脚步移动而言，对肌骨的不利影响更大。

2）操作行为要回避"静止的持续性用力"。要尽量让人体保持姿态的多样性，可以通过相应的设计来调节和缓解持续和静止的用力。例如，可以通过踏脚板来缓解下肢的静态用力，对于装配线上的工人可以通过特定的支撑设备来确保在特定的姿势下保持相对更好的用力状态，如图 7-3、图 7-4 所示。

图 7-3　EksoVest 装配线工人手臂支撑系统

3）对于工作台面的高度、旋转的方式和倾斜的角度，可以进行特定的设计而减少人体保持不良姿态的可能性，如图 7-5 所示为一个符合人机关系的工作台设计。

图 7-4 洛克希德马丁公司的产业工人下肢支撑系统　　图 7-5 符合人机关系的工作台设计

4）在操作环境中通过扩大人的视野范围（如通过增加反射镜来扩大操作者的视野等）来缓解人们不必要的身体移动和扭曲。如图 7-6 所示，通过前方的镜子来了解身后的情况，在工作中可以减少身体的向后扭曲。

图 7-6 公交车内后视镜设置

7.2 手部操作与设计

手是人最重要的进行各项操作任务的人体部位。手的结构复杂，神经分布密集，它是人体上肢活动的终端，也是最为重要的。所以有必要将其专门列出来讲述。

在第二次世界大战期间，由于很多武器装备的人机设计不合理导致了很多人为的操作失误，所以在第二次世界大战后人机工程学被广泛地、系统性地研究。例如，"费兹法则"的发明人保罗·费兹与其同事在 1947 年对飞行员在驾驶过程中出现的 460 多个失误动作进行研究，发现 68% 的操作失误都与控制器的人机设计不当有关。可见操作器设计不当会给人们的工作和生活造成很大的危害。

7.2.1　手的抓握行为

人的手具有极大的灵活性，抓握是手部的主要动作行为。从"抓握行为"来看，抓握可以分为三种情况：用力抓握、精确抓握和一般抓握。在具体操作中，这三种情况与抓握的姿势有着密切的关系。

1.　用力抓握

用力抓握的轴线与人的小臂几乎呈垂直的关系，而手指与手掌之间形成夹握的关系，如图 7-7 所示。根据力的作用线的不同，用力抓握可以分为力与小臂平行的状态（如拉锯的行为）、力与小臂呈夹角的状态（如锤击的行为）和扭力（如用螺钉和螺钉旋具的行为）。

图 7-7　不同的抓握姿势

2.　精确抓握

与用力抓握相对的是精确抓握。在不少操作过程中，需要用手进行精确的操作，而且手也是人体操作行为中精确性最高的操作部位。这主要依赖于人的手指屈肌夹握能力。例如，写字行为就是一种精确的抓握行为。

3.　一般抓握

一般抓握行为介于用力抓握和精确抓握之间，也是生活中最常见的抓握行为。

在实际的操作行为中，应该避免用力操作和精确控制同时进行。因为这两种性质的行为同时进行操作会增加肌肉的负荷，而加速疲劳和降低操作的效率，甚至导致伤害。

7.2.2　手柄设计

生活中由于手握工具设计的不当而导致的各类与手腕相关的职业疾病是比较常见的，如腱鞘炎、腕道综合征、滑囊炎、滑膜炎以及网球肘等。这些职业疾病统称为"重复性的积累损伤病症"。

例如，由于长时间使用计算机鼠标而导致腱鞘炎，也就是人们常说的"鼠标手"，这除了过长时间使用鼠标以外，还由于鼠标设计得不当而导致手腕长期处于"尺偏掌曲"以及往外转动的状态，导致腕部肌腱长时间处在弯曲的状态，而引起肌腱与腱鞘等处发炎。

又如，"肱骨外踝炎"也就是常说的"网球肘"，它实际上是由于手腕的过度桡偏所引起的。而过度的桡偏是由于很多相关的工具和设备的手柄不是按照人的手腕的结构进行设计的，在设计的过程中缺乏对于人的手腕结构的了解使人的手腕长时间处在非顺直的状态而导致的。因此在相应的操作手柄设计中应该将其外形大小、长短、重量以及材料的设计与手的结构、尺寸以及触觉的特征进行综合的考虑，这样才能够设计出人机关系和谐的手动工具。

手柄设计时要考虑如下几个主要方面：

1）手柄设计应该符合手的解剖学特点。人的手是由骨（图3-8）、动脉、神经、韧带以及肌腱等组成的一个比较复杂的结构，如图7-8所示。小臂上的桡骨和尺骨与手相连，桡骨连接到拇指的一侧，尺骨连接到小指的一侧。

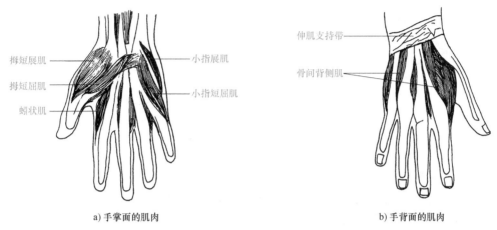

a) 手掌面的肌肉　　　　　　　　　　　　　　　　b) 手背面的肌肉

图 7-8　手的解剖图

由于腕关节的构造和定位使手主要有两个方面的动作：第一个方面是产生掌曲和背曲，第二个方面是产生尺偏与桡偏，如图7-9所示。

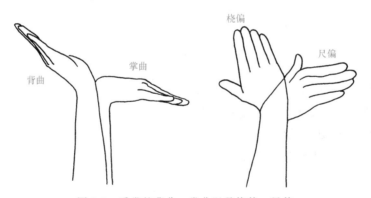

图 7-9　手掌的背曲、掌曲以及桡偏、尺偏

对于手掌而言，人的掌心部位肌肉是最少的，而指球与大小鱼际间的肌肉是最丰满的，它们是手掌上的主要用力部位和减振部位。根据手的这种结构关系，在具体的手柄设计中要避免手柄严丝合缝地与手形成贴合关系。因为在实际操作过程中，久握的把柄或者是有较大振动的手柄，与手过度紧贴会导致"静态持续用力"且振动的传递效率也更高，这对人的健康是不利的。手柄的外形设计如图7-10所示。

好的手柄应该便于发挥手掌相应的肌肉能力，如指球肌、大小鱼际肌等，避免引起掌心受到长时间的压迫或振动，同时当手握着的时候，人的手腕应该处于顺直的状态，并且要避免不同角度上的扭曲。顺直的手腕有利于回避长时间的掌曲或背曲，以及手的桡偏或尺偏所带来的对前手臂的伤害。

可见在手柄的设计中按照手的结构和解剖特点来进行设计，对于保护人的健康以及提高

設计中的人机工程学

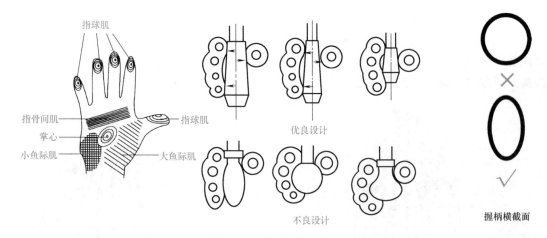

图 7-10 手柄的外形设计

操作的效率是非常重要的。

2）除此以外，在手柄的设计中还应该要考虑到手柄的形状对于触觉的识别的问题。这一问题在前面触觉章节已经有过讲述，这里就不再重复。

3）手柄的设计尺寸要与人手的尺寸相适合。

要设计一款合适的手柄必须要考虑手握的长度、手握的粗度以及手握的状态和触觉的舒适性等问题。对于不同工作性质的手柄，其长度、粗度以及握持的状态都不尽相同，这些很大程度上决定着工具的效率以及人机的和谐关系。同样的操作行为，不同的工具会使人用力的方式和操作的姿势发生很大的差异，而导致工作效率和人的舒适度发生很大的变化。对于人体尺寸问题在第 2 章中有讲解。

4）手柄设计一定要考虑操作行为的不同而导致施力状态的不同。

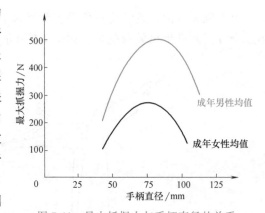

图 7-11 最大抓握力与手柄直径的关系

图 7-11 所示为工人在操作过程中手的最大抓握力与手柄直径之间的关系。由图可知不同的手柄直径适应不同的抓握力。

人体姿态的调整和手握工具的施力是有很大关联度的。比较图 7-12 所示的两个操作姿态可见，当人处在一种比较合理的操作姿态下，手部的用力和精确度都会有大幅度提高。

7.2.3 手抓握工具设计的指导思路

2010 年美国劳工部针对用力抓握、精确抓握和一般抓握这三个方面的手握状态给出了对于手抓握工具设计的指导意见。

1）对于精确抓握而言，要充分利用拇指与食指的抓握关系。抓握的厚度应该控制在 8~13mm，而抓握手柄的长度不宜超过 100mm。其工具自身的重量不宜超过 1.75kg，要充分地利用指尖的控制作用。

2）对于用力抓握而言，全握和抓握的厚度应该在 50~60mm 之间，其抓握的长度保持在

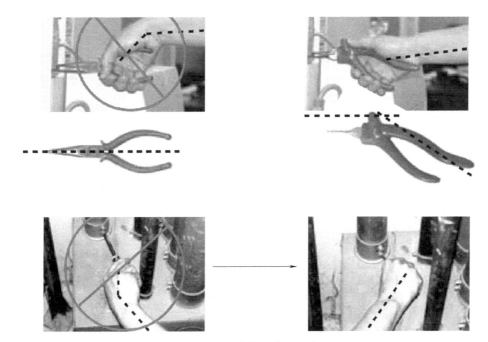

图 7-12 操作姿态优劣比较

125mm 左右，抓握的力控制在 100N 左右。手柄的截面形状要避免圆柱形。圆柱形的手柄在施力的过程当中可能会发生偏移，而导致手抓握不紧的情况出现，横截面为椭圆形或三角形比较利于用力抓握。工具的重量不宜超过 2.3kg，在手柄的设计过程中要充分地利用大拇指对于手柄的用力方向的控制。

3）对于一般抓握而言，手柄的表面要设计与用力的大小、方向和手握的方式有较好匹配的表面纹理。手柄的材料应该要具备轻微的压缩弹性，这样有利于手握得更紧。手柄材料应该是绝缘的，同时要防振动，特别要避免 50~100Hz 的振动。

4）手柄的设计要考虑适合左手和右手的使用。即同样的手柄左手使用和右手使用的效率是一致的，因为现实生活中有 10% 的人习惯于使用左手。而即便是惯用右手的人，在某些特定环境下也需要使用左手来操作。

5）手柄的设计要让手腕保持自然的顺直状态。避免手以及手腕的扭曲状态，同时工具的重心应该与手柄的轴心尽量保持一致或接近。

7.3 操纵器的人因优化

上一节讲述了与手相关的操作行为，重点谈到了手柄、手把的设计以及与手的关系。但是现实生活中，与手相关的各种操作设施设备的形态还有很多，如曲柄、手轮、旋钮、开关、调节杆、操纵杆、手闸、按钮、键盘等。

例如，在需要进行细微调节和平稳调节时，手轮的使用是比较常见的。而曲柄也就是常说的摇把，它比较适合用力比较大，移动幅度比较大，但对精确度要求不是太高的调节方式上。而旋钮则比较适合用在使力比较小、变化比较细微、连续性的调节方式上。

7.3.1 操作行为与设计

操作行为分为转动、摆动、按压、滑动等方式，不同的操作行为有相对应的操纵器。不同的操纵器和操作方式的要求也各自不同。表 7-3 所列为各种常用的操纵器以及适用的范围。

表 7-3　各种常用的操纵器以及适用的范围

操纵器名称	操作方式	要求的控制和调节工况											
		两个工位	多于两个工位	无级调节	在某个工位保持	快速调整	准确调整	占用空间少	单手操作多个	位置可见	位置可及	无意识操作	可固定
曲柄	抓、握	○	○	√	√	○	○			○	○		○
手柄	抓、握	○	√	√	√	○	√						√
旋钮	抓	√	√	√		○	√	√				○	
调节杆	握	√	√	√		√	√						
按钮	触压	√				√	√	√	√	○	○		
手闸	抓、握、触压	√	√	√	√	√	○		○	√	√		○
指拨滑块	触压	√				○	○	√				○	
拉手	握	√	○	○	√					√		√	√

注：√表示很适用，○表示适用，空格表示不适用。

1. 操纵器要适宜于人的生理特点

人们在操作过程中的力度要按照操作人员能力的中下限来进行选择，因为选择中下限的能力能够适应更多的人群使用。

对于操纵器允许的最大用力，不同的操作形式有不同的最大用力范围。例如，手轮允许的最大用力大约为 150N，表 7-4 列出了一些操纵装置允许的最大用力，对于旋钮而言，大直径要比小直径在旋转时更省力。这主要与操纵器的尺寸、形状和人体结构、人体力学杠杆等有直接关系。手控操纵器与人体尺度有关的参数见表 7-5。

表 7-4　一些操纵装置允许的最大用力

操纵装置所允许的最大用力			平稳转动操作装置的最大用力	
操纵器的形式		允许的最大用力/N	转动部位和特征	最大用力/N
按钮	轻型	5	用手操作的转动机构	<10
	重型	30		
转换开关	轻型	4.5	用手和前臂操作的转动机构	23~40
	重型	20		
操纵杆	前后动作	150	用手和臂操作的转动机构	80~100
	左右动作	130		

（续）

操纵装置所允许的最大用力		平稳转动操作装置的最大用力	
操纵器的形式	允许的最大用力/N	转动部位和特征	最大用力/N
脚踏按钮	20~90	用手以最高速度旋转的转动机构	9~23
手轮和方向盘	150	要求精度高的转动机构	23~25

表 7-5　手控操纵器与人体尺度有关的参数

名称与图例	尺寸/cm	位移	阻力 F/N
按钮开关 （图 7-13a）	指尖操作：$D_{min}=1.25$ 拇指按压：$D_{min}=1.8$	在范围内： $x=0.3~1.25$cm 不在范围内： $x=0.3~1.8$cm	指尖操作：2.85~11.35 小指按压：1.43~5.68
拨钮开关 （图 7-13b）	$D=0.3~2.5$ $L=1.25~50$	最近控制位置：$\theta_{min}=40°$ 总位移量：$\theta=120°$	2.85~11.34
箭头旋钮 （图 7-13c）	指针可动：$L\geqslant2.5$ $b\leqslant2.5$ $h=1.25~7.5$ 刻度盘可动：$D=2.5~10.0$ $h=1.25~7.5$	视觉定位：$\theta=15°~40°$ 盲目定位：$\theta=30°~90°$	3.40~13.55
旋钮 （图 7-13d）	定位转钮：$D=3.5~7.5$ $h=2.0~5.0$ 连续旋钮：$D=1.0~3.0$ $h=1.5~2.5$	视觉定位：$\theta\geqslant15°$ 盲目定位：$\theta\geqslant30°$ 人能一次转动：$120°$	定位旋钮：12~18 连续旋钮：2~4.5
操纵杆 （图 7-13e）	手指抓握：$d=2.0$ 手掌抓握：$d=3.0~4.0$ 球形手把：$d=1.25~5.0$ $e>5.0$	前后：$\theta_{min}=45°$ 左右 $\theta_{min}=90°$ 按控制比确定	手指：3~9 手掌：9~135
曲柄 （图 7-13f）	轻载高速：$r=1.25~10.0$ 重载：$r_{min}=50$	按控制比确定	轻载高速：9~22.5 大型高速：22.5~45 精确定位：2.3~36
手轮 （图 7-13g）	手轮直径：$D=17.5~52.5$ 截面直径：$d=1.8~5.0$	按控制比确定 $\theta_{min}=90°~120°$	单手操作：25~135 双手操作：22.5~225

操纵器的使用和用力状态很多时候是持续性用力。持续用力的最大值实际上要略低于操纵器所允许的最大用力。

2. 操纵器要符合人的解剖学特点

操纵器的大小一定要适合于手的尺度与尺寸。在第 2 章关于人体测量尺寸里涉及了很多相应的国家标准，在前一节中也谈到了与操纵器大小有关的一些设计要点。国家标准 GB/T 14775—1993《操纵器的一般人类工效学要求》里也给出了一些操纵器的尺度范围和优选原则及规范，可供查阅。

3. 操纵器的运动方向要同机器或设备的运动方向保持一致与协调

例如，方向盘的转动方向与汽车的行驶方向要保持一致，向左转方向盘车向左转向，向右转方向盘车向右转向，这样能够减轻人的思考与操作负荷。表 7-6 列出了操纵器运动方向与其操作功能之间的习惯性对应关系。

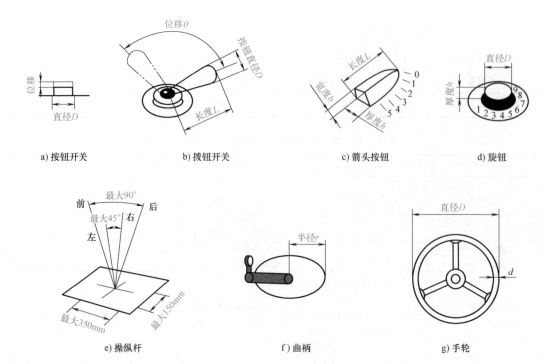

a) 按钮开关　　b) 拨钮开关　　c) 箭头按钮　　d) 旋钮

e) 操纵杆　　f) 曲柄　　g) 手轮

图 7-13　常用手控操纵器的尺寸

表 7-6　操纵器运动方向与其操作功能之间的习惯性对应关系

功能	运动方向	功能	运动方向
接通	向上,向右,向前,顺时针,拉(推-拉型开关)	减少	向后,向下,向左,逆时针
切断	向下,向左,向后,逆时针,推(推-拉型开关)	开通	向上,向前,向右,提拉,顺时针[①]
向右	向右,顺时针(右旋)	关闭	向下,向后,向左,按压,逆时针[①]
向左	向左,逆时针(左旋)	前进	向上,向右,向前
向上升	向上,向后	后退	向下,向左,向后
向下降	向下,向前	开车	向上,向右,向前,顺时针
增加	向前,向上,向后,顺时针	刹车	向下,向左,向后,逆时针

① 阀门例外。

4. 操纵器要容易辨识

操纵器要便于被操作者识别,这是前面所讲的操纵器的编码问题。

5. 利用人体重力进行设计

例如,在频繁的重复按压过程中,使用手掌自身的重力进行操作优于用手指按压。所以在对按键形状、大小和布置位置进行设计时,如果将人的手臂重力考虑在其中,可以减少人们施力的频率和强度,这样会很大程度上减少人们的倦怠感。

6. 注意定位的设计

操纵器一定要有相应的定位和保险设置。这样有利于操作的准确性和防止操作过程中意外的发生。

7. 强调其形式的简洁性

要用最简单和简洁的形式来进行设计，这样便于人们认识和操作。

8. 操纵器的阻力要符合人的操作特点

操纵器的阻力一般有摩擦力、弹性阻力和黏滞阻力。操纵器的阻力对于设计而言可以是实现信息反馈的重要手段。设计中如果只需要操作的速度而不要求操作的精度，那么阻力越小越好。但是人们的操作都是需要一定精度的，特别是需要有一定的反馈来确认操作是否成功或准确，那么操作的阻力在这方面能产生重要的作用。表7-7列出了不同操纵装置所要求的最小操作阻力。

表 7-7 不同操纵装置所要求的最小操纵阻力

操纵器类型	最小操纵阻力/N	操纵器类型	最小操纵阻力/N
手推按钮	2.8	曲柄	由大到小决定：9~22
脚踏按钮	脚不停留在操纵器上：9.8	手轮	22
	脚停留在操纵器上：44	杠杆	9
脚踏板	脚不停留在操纵器上：17.8	扳钮开关	2.8
	脚停留在操纵器上：44.5	旋转选择开关	3.3

由表7-7可见，不同的操纵装置所要求的最小的操作阻力是不同的。电子显示屏的触摸设计由于缺少阻力的反馈经常会导致误操作。在一些生产性、安全性的操作环境里选用有一定阻力的操纵器有利于提高生产效率和安全性。

9. 操纵器之间的距离要易于人使用

当多个操纵器放置在一起时，要设置好它们之间的距离，合适的距离能够提高操作的精度、效率，减少失误。操纵器之间的距离见表7-8。

表 7-8 操纵器之间的距离

操纵器	操作方式	操纵器之间的距离/mm	
		最小值	推荐值
按钮	一个手指随机操作	12	50
	一个手指顺序连续操作	6	25
	各个手指顺序连续操作	12	12
扳钮	一个手指随机操作	20	50
	一个手指顺序连续操作	12	25
	各个手指顺序连续操作	15	20
旋钮	单手随机操作	25	50
	双手同时操作	75	125
曲柄	单手随机操作	50	100
手轮	双手同时操作	75	125
操纵杆	单手操作	150	200

7.3.2 操纵器设计

1. 旋钮设计

1) 旋钮通常是单手操作的, 从其功能来讲, 旋钮一般可以分为:

① 多倍旋转旋钮。多倍旋转旋钮的控制范围超过 360°, 如图 7-14a 所示。

② 部分旋转旋钮。部分旋转旋钮的旋转范围在 360°以内, 如图 7-14b 所示。

③ 定位指示旋钮。定位指示旋钮是指旋钮的操作受到临界位置的控制, 如图 7-14c 所示。

a) 多倍旋转旋钮　　　　　b) 部分旋转旋钮　　　　　c) 定位指示旋钮

图 7-14　常见旋钮设计类型

这三种类型的旋钮应用于不同的信息控制。多倍旋转旋钮或部分旋转旋钮一般用于定量信息的控制。定位指示旋钮一般用于定性信息的控制。

2) 旋钮的设计要特别注意以下两个方面的问题:

① 旋钮形态。旋钮形态的设计要便于人们进行旋转, 且要避免手指打滑, 同时要考虑旋转的准确性等问题。旋转信息的准确定位问题涉及控制与显示的协调性, 有关操作与显示的协调性在下一节里面重点讲述。

② 旋钮尺寸。旋钮尺寸对施力的大小有很大的影响。直径相对大时, 其操作起来相对更容易。但是直径过大或过小, 在一定程度上会影响操作的精确度, 所以在设计中要将旋钮的控制范围、旋钮需要施加的力的大小以及旋钮操作的精确度等几个方面的要素来综合起来考虑。旋钮尺寸与操纵力的关系见表 7-9。

表 7-9　旋钮尺寸与操纵力的关系

旋钮直径/mm	10	20	50	60~80	120
操纵力/N	1.5~10	2~20	2.5~25	5~20	25~50

2. 操纵杆设计

除了旋钮, 操纵杆也是与手相关的重要的操纵设备之一。

对于操纵杆的设计需要注意的是:

① 操纵杆的尺寸特别是手握的部分的直径不能太小。如果太小, 在长时间的操作过程中会引起手部肌肉的紧张而产生痉挛和疲劳。通常情况下, 常用操纵杆的握柄直径一般会选

择 22~32mm。

② 操纵杆的行程和扳动的角度要尽量和设备的运行方向以及人的躯干移动保持一致。在操纵杆的操作过程中要尽量避免躯干的移动，而对于操作的角度而言，不同的操纵杆其操作的角度也不一样。总的来讲，短的操纵杆其操作角度要大于长的操作杆的操作角度。但是无论什么样的操纵杆，其操作角度都不宜超过 90°，一般来讲通用的操纵杆的扳动角度在 30°~60°。

③ 操纵杆的操纵力是有一定范围的，一般是在 30~130N。

表 7-10 所列为手柄的适宜操纵力。不同的手柄高度以及不同的操作方向其操纵力是有差异的。总的来讲，离地的距离越高其操纵力相对越小，但是其操纵的精度会相对更高。表 7-11 列出了常用的移动操纵器的工作行程与其操纵力的关系。

表 7-10　手柄的适宜操纵力

手柄距地面的高度/mm	适宜操纵力/N						手柄距地面的高度/mm	适宜操纵力/N					
	右手			左手				右手			左手		
	向上	向下	向侧方	向上	向下	向侧方		向上	向下	向侧方	向上	向下	向侧方
500~650	140	70	40	120	120	30	1050~1400	80	80	60	60	60	40
650~1050	120	120	60	100	100	40	1400~1600	90	140	40	40	60	30

表 7-11　常用的移动操纵器的工作行程与其操纵力的关系

操纵器名称	工作行程/mm	操纵力/N	操纵器名称	工作行程/mm	操纵力/N	操纵器名称	工作行程/mm	操纵力/N
开关杆	20~300	5~100	拨动式开关	10~40	2~8	手闸	10~400	20~60
杠杆键	3~6	1~20	摆动式开关	4~10	2~8	拉环	10~400	20~100
调节杆（单手调节）	100~400	10~200	指拨滑块	5~25	1.5~20	拉手	10~400	20~60
			拉圈	10~100	5~20	拉钮	5~100	5~20

3. 操纵设备的系统性设计

操纵设施与设备都是集合在一个系统中的。例如，汽车的驾驶室就是由不同的操纵设施与设备（旋转的方向盘、换档的操纵杆、调节温度的旋钮、控制音量的按键等一系列的操纵设备）集合而成的一个操纵系统。所以在操纵器的设计过程中除了要考虑单体的操纵器设计以外，还要考虑到操纵器的相互协调性问题。而相互之间的协调过程中最重要的是操纵器在特定环境里面的优化和布置。

对操纵器的布置和优化设计，要注意以下几个方面：

1）操纵器的排列要符合人的操作习惯。比如人们常说的自上而下、从左到右、顺时针的操作行为习惯。在操纵器的空间布置与排列时要依据人的这些行为习惯，这样能够降低误操作率。

2）操纵器的布置位置应该在人们能够灵敏地快速反应的范围内。对于这个问题可以参考以下几个标准：《工作空间人体尺寸》《人类工效学工作岗位尺寸》《设计原则及其数值》《工作座椅一般人类工效学的要求》以及《工作岗位一般人机工程要求》。

3）操纵器布置时要将关联度比较高的操纵器尽量安排在相邻的位置。这样有利于人们方便操作。对于各种操纵器之间的距离，大家可以参考表 7-8，表中列举了各种操纵器的类型以及它们之间排布的最小值和推荐值。

4）当操纵器的种类比较多时，要按照其功能进行分区，在分区的过程中要用不同的区间、位置、颜色、图形、图案以及形状来进行区分。这样区分的目的是减小人们记忆的强度，尽量遵循 7±2 的瞬时记忆原则。

5）同样的一套设施与设备，它的操纵器的运动方向与功能的方向应该要保持一致。如果操纵器是直线运动，通常情况下从前到后、从上到下、从左到右这三种顺序表示接通和切断，也可以表示增加和减少。而旋转的操纵器，顺时针方向一般表示增大，逆时针方向表示减小。

6）操纵器的布置要参考人的视野特性。对于人的视野问题在前面视觉章节里有专门讲述。需要强调的是，操纵器应该根据其重要程度和使用频率安排在人的视野范围之内。一般而言，频繁操作的控制器离人的视觉中心就要相对更近一些。

7）操纵器的整体布置一定要简洁、明了、易于操作，并且其造型应该尽量美观这样有利于降低人们操作的疲劳度和提高操作的精度以及效率。

7.4 操作与显示

操作与显示的关系实质是人机信息输入与输出的关系问题。人与机的信息交互既存在外部信息向人的输入，也存在人的决策和行动向外的输出。所以操作与显示反映的是信息输入与输出，两者有机协调直接决定着人机关系的合理性与有效性。在"人、机、环境"中操作与显示是输入和输出的关系。什么样的操作输入就有什么样的显示输出与之适应和协调。操作和显示这两者是不能隔离开来的。

7.4.1 操纵器的增益与设计

在设计中要考虑操作与显示两者的协调性问题。对于操纵器而言，在操作过程中，操纵器通过不同方式的位移来将人的决策等信息输入到设备，在操纵器的设计中应该根据位移的情况或参数来确定操纵器的"适宜增益"。所谓的操纵器的增益有以下两重含义：

1. 显示与操作比

显示与操作比（图 7-15）也就是显示器显示的量与操纵器的操纵量之间的比值。

显示与操作的关系在人机设计中是十分重要的。例如，当操纵杆移动 20cm 时显示器上面的指针位移是 50cm。那么这时显示与操作比就是 2.5。

显示与操作的比值较大的情况，比较适合于进行某些需要快速地调节到预定位置的操作。即操作人员需要快速地做出反应，同时设备也需要快速地进行响应。例如，汽车驾驶就属于此种类型。

对于显示与操作比应该多大才是比较合适的，这需要根据操作对象的特点来确定。例如，要判断操作对象是需要强调操作的速度，还是需要强调操作的精度等，不同的情况其显示与操作比也不相同。

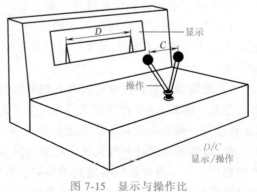

图 7-15　显示与操作比

当显示与操作比较大时，操作相对用力和粗糙，这会损失一定的操作精度但却能够获得较快的操作速度。

反之，如果操纵杆移动 20 个单位的距离，而显示设备上的指针却只移动 10 个单位的距离，这就属于显示与操作比相对较小的情况。显示与操作比较小比较适合于精细化操作。例如，调节收音机的频率就属于这种情况。当然由于是精细化操作，其操作的时间也就会相对长一些。

显示与操作比较大或比较小，都有各自的优势和劣势，也都有各自适合的应用场景。因此要根据特定的情况来进行设计。

2. 设备响应和操作比

设备响应和操作比是指设施设备运行中的变化数值与操作器的操作数值间的比值。例如，自行车的脚踏板，特别是有变速器的自行车，在不同的变速档位下每踏一圈脚踏板，由于前齿盘与后齿盘的大小不同，所以其产生的轮胎扭力也是不同的，而骑自行车的人能感受到的是需要用力大小不同。

又如，汽车驾驶中方向盘的转动角度与汽车车轮转动的角度，它们之间的比值也是"响应与操作比"的关系。不同车型其方向盘与车轮转向间的响应与操作比是有差异的。有的车辆的方向盘与车轮转向的响应与操作比是 2.5：1，而有的是 1.5：1。一般车辆中方向盘与车轮转向的响应与操作比并不是 1：1，也就是方向盘的转动角度要大于车轮转动的角度。这样是为了提高人们的操作能力与汽车响应能力间的匹配度。因为人们的反应能力相对于车辆设备的响应速度是较低的。当然在一些特殊情况下，如专业车手驾驶的高速跑车，车辆方向盘与车轮转向的响应与操作比有可能设置为 1：1，以满足车辆竞速的需要。

在实际工作中还会存在一种情况，无论是相对快速的操作还是相对精确的操作，都会存在频率高和低的问题，以及操作的时迟问题，所以在多数情况下操纵器的增益是随着输入频率的增高而减小的。目的是为了弥补人的操作响应相对低的特点，也就是在需要进行频繁操作的情况下，应该适当增加操纵器的增益性，以提高操作的效益和准确性，增加人们的操作舒适性。

3. 显示器与控制器的相合性

显示器与控制器的配置设计需要考虑一系列的问题。其中最主要的是要考虑显示器与控制器之间的相合性问题。

所谓显示器与控制器的相合性是指显示与操作之间在逻辑上、控制上、运动上以及空间上的内在相关性。比如说，顺时针方向的转动和向前的推动在显示状态下表示数值的增大；逆时针方向的转动和向后的拉动表示数值的减小。那么与这些操作所配对的显示应该呈现同样的方向显示，而不能形成显示与操作关系的颠倒。这就是显示和操作的相合性问题。

显示器与控制器配置设计中的相合性主要包括以下三个方面：

1）运动的相合性。运动的相合性是指人对于显示器与控制器的相对运动具有一定的习惯性操作模式。比如人习惯于顺时针方向上的操作，自上而下的操作等。例如，在收音机的音量控制中，按照顺时针方向操作则音量增大，按照逆时针方向操作则音量减小。因此控制器的运动方向也要符合人的行为习惯。

另外，控制器的运动方向还应该与显示器、设备自身执行系统的逻辑保持一致性。

如图 7-16 所示，当人在不同方向上操作时，其显示方向应该与操作方向相同。例如，向左操作显示器也向左，向上操作显示器也向上，这是操纵器与显示器运动的相合性。

设计中的人机工程学

2）空间的相合性。显示器与操纵器之间还要符合空间的相合性特点。也就是在空间布置中显示器和控制器的布置要根据其功能的相似性，以及它们之间联系的紧密程度来进行布置。

图 7-17 所示为控制器与显示器的空间配合状态。对于空间相合性而言，在控制器与显示器的布置过程中应该要根据控制器与显示器之间的关联紧密程度进行布置。控制器与显示器之间的关联程度越高，那么它们之间在空间上的布置要么尽量靠近，

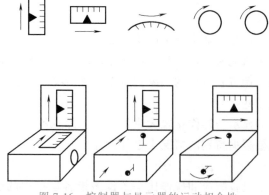

图 7-16　控制器与显示器的运动相合性

要么在逻辑上有较强的关联性。例如，将显示器放置在与之相关的控制器的上方，或将显示器放置在控制器的左边（如果用右手操作）。在实际的布置过程中，由于空间大小等限制性因素，也要考虑到控制器与显示器在空间位置上的逻辑性。

如图 7-18 所示，控制器和显示器的空间相合性的布置有四种情况，其中 c 和 d 的排列方式，其显示与空间的相合度相对更高一些，特别是 d，其空间相合的一致性是最好的，像这样的排布方式，发生操作失误的概率会相对低很多。在空间相合性的排列与布置中，除了前面所谈到的控制器和显示器的位置排列以外，还可以通过其他方式来增强其控制器与显示器在空间组合与排序当中的功能。例如，对操纵器配备声音或灯光信号并发出提示，当按下某个按钮时，该按钮自身所带的提示灯就会亮起或熄灭，这对于操纵器和显示器在空间排列以及编码和组合过程中具有强化其相合性的作用。

图 7-17　控制与显示面板设计

3）比率的相合性。除了控制器与显示器之间的运动相合性和空间相合性以外，控制器和显示器之间的比率关系及相合性也是控制和显示之间配合的重要部分。

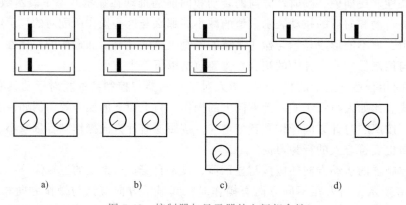

a)　　　　　　　b)　　　　　　　c)　　　　　　　d)

图 7-18　控制器与显示器的空间相合性

控制器与显示器的比率关系反映的是控制灵敏度。控制器与显示器的比率越高则说明控制器的灵敏度越低，相反，如果控制器与显示器的比率越低则反映其控制的灵敏度越高。

图 7-19 所示为反应时间在 0~7s 内，微调及粗调控制器与显示器比率的变化关系。当然这个过程当中可以看到微调是有一个曲线变化的。例如，微调随着时间的减少其灵敏度逐渐地降低，而粗调则与之相反。微调与粗调控制这两条曲线有一个交叉点，这个交叉点对应的数值对于控制与显示比率的控制时间与控制灵敏度相对都较好。

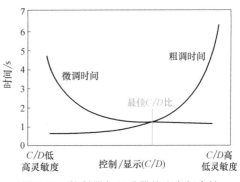

但是实际上，除了时间等要素以外，影响控制和显示比率关系的因素还有很多，如显示器的大小、控制器的类型、人的观察距离以及系统所允许的调节误差范围等。所以在实际的设计中很难找到一个能够普遍适用的控制和显示的比值，因为在具体的设计中显示器的类型、控制器的大小以及所面临的设施设备的功能都是不一样的，所以要获取一个比较理想的控制和显示比率，通常要根据具体的情况来进行具体的分析和实验。

图 7-19 控制器与显示器的比率相合性

另外有些学者，做过类似的一些实验并给出了一些控制器和显示器的控制灵敏度比率建议值。例如，对于旋钮而言，有人通过实验所给出的最佳的控制和显示比率范围在 0.2~0.8 之间，而对于操纵杆和手柄而言比较好的控制和显示比率在 2.5~4.0 之间。当然这只是一个参考值，在具体的设计中还是要根据具体的情况来进行具体的测试与实验。

7.4.2 数字化显示与操作

由于大量的数字显示器和操纵系统的出现，显示器与操纵器合二为一的趋势也日益明显。以前很多操纵系统里控制器与显示器都是分离的，但是现在很多设施设备以及各种操纵系统却是显示与操作合二为一，通过数字触屏的方式既完成了操作部分同时又完成了显示的部分，如图 7-20 所示。

图 7-20 数字化显示与操作设计

下面对于此类问题进行简单的归纳：

设计中的人机工程学

1）数字化显示与操作要依据相合性原则。不管操纵设备和显示设备的载体怎样变化，人的认知能力和行为习惯是不会变的，所以在新的操作和显示载体上依然要按照操作和显示器相合性的原则来进行设计和处理。设计的界面图形应该与内容保持一致性，这样能够提高操控的准确性。

2）依靠其他辅助设计来提高信息反馈能力。在操作的过程中数字化的显示界面有更大的信息传递量，且具有传递速度快等优点，但是它的缺点也非常明显，其最大的缺点是缺乏及时反馈性。所谓的及时反馈性是指在传统的控制器里当按键按下去以后会有阻力的反馈，操纵杆在前后拨动的过程当中会有阻力和移动的反馈，这样的反馈提供了清晰的信息交流，并且是多重感觉器官共同参与的。而像数字触摸屏幕，这样的信息反馈就要差得多。所以在设计的过程中可以考虑通过调整虚拟按键的尺寸大小等方式，如通过将操作的按键做得更大一些，来弥补其反馈相对较弱的问题。当然也可以通过声音和振动的反馈来提高其操作和显示的信息交流。

3）简约化设计是提高数字显示和操纵设备性能的关键。数字化的显示与操作合二为一的系统中，最重要的是突出其操作的有效性。因为这样的载体有一个巨大的优势，即机与人的信息交流的充分性。这种充分性是基于其信息载量的多少，数字设备具有传统设备所不具备的更大的信息载量和传输能力，但是同时出现了另外一个问题，即由于大量信息的存在和传输而导致人的判断和操作能力的下降。所以类似这样的系统最重要的是要考虑控制和显示之间的有效性。而要达到这样的有效性，最重要和最有效的手段还是简约化设计，即在每一次的控制和显示互动和交流中，使用最简单和简约的设计形式来实现其信息的交流以及显示与操作关系的搭配。

第 **8** 章

人与环境

8.1　环境行为与设计

　　人与环境的相互关系以及这种关系如何与设计相互协调是"人、机、环境"三者关系中重要的环节。人和环境是一个相互作用的共同体，人与环境的相互作用所引发的人的心理活动以及外在的表现，在空间中的推移称为"环境行为"。人的环境行为是由客观环境因素的刺激诱导，人自身的生理与心理的需要，以及各种社会因素的影响，共同作用的，作用的结果是人对于环境的适应或者改造。

8.1.1　环境行为

　　谈到人的环境行为首先要了解一下心理学家库尔特·勒温（图 8-1）和他的环境行为理论。库尔特·勒温有一个非常著名的人类行为公式，即

$$B = f(PE)$$

式中　　B——行为（Behavior）；

　　　　P——人（People）；

　　　　E——环境（Environment）。

　　通过这个简单的函数关系，勒温想说明的是人的行为是人与环境这两个要素的相互关系而引发的。勒温提出了"心理生活空间"这个概念，在他的"生活空间"中包含三类事实：准物理事实、准社会事实、准概念事实。

　　准物理事实是指周边的、客观的自然环境对于人的行为所产生的影响。这些客观存在的自然环境及条件就是准物理事实。

　　准社会事实是指对人的行为产生影响的社会环境因素。人的行为除了受到物质条件的影响，还会受到社会因素，如文化、教育、地位等的影响。

图 8-1　库尔特·勒温
（Kurt Lewin）

　　准概念事实是指人的思想与心理活动对其行为所产生的影响。

　　以上的这三种"准事实"是指在一定时间、一定情境中实实在在具体影响一个人行为的那一部分事实，并非客观存在的全部事实。这一部分事实有时候可能与客观存在的事实相

吻合，也有时候可能不吻合。

勒温的行为公式说明了人在特定的环境里是与周边环境发生互动的。

8.1.2　环境行为习性与设计

人在与环境长期的互动过程中逐渐形成了许多适应环境的本能，我们把这些本能称为人的行为习性。

1. 抄近路的环境行为习性

当人清楚地知道目的地的位置和行动路线以及方向的时候，人们总是会本能地选择最短的路程。日常生活中我们经常能看见草坪和草地中被踩踏出来的小路，之所以形成这样的小路，这不只是体现个人行为的素质问题，同时也反映了人在环境中抄近路的行为习性。

如果人清楚地知道其目的地的位置，而在其前进的道路上有简易的障碍，且这种障碍不足以阻止人们前行的话，并且也没有特定严格的规定和要求时，那么很多人会本能地选择穿越这些简单的路障，路边草坪上被踏出来的便道提醒设计师在设计时要考虑到人在环境中的行为习性，人这样的行为习性对于设计师来讲具备两方面的提示作用：

1）对于休闲与休憩的环境中的设计，应该尽量避免由于设计而形成的人为障碍。

2）在需要保持安全性的强制环境里，如道路交通安全等方面，应该运用设计的手段规避人们抄近路的行为习性。

2. 识途性的环境行为习性

除了抄近路以外，人在环境当中还有识途性的行为习性。识途性是动物的本能，当动物遇到危险的时候会沿着原路折返，人类也是一样的。在不熟悉的环境里，人们会摸索着到达目的地，而在返回的途中则会本能地选择原路返回。这与人的自我保护机制有关，在一些设计里如导视牌或标识系统的设计要注意利用人的识途性特点。在特殊情况下，如发生紧急状态时楼宇的电梯会被停用，但不少人依然会本能地选择原路返回，在一些火灾现场就有不少的遇难者倒在进来时的电梯口。可见在特定环境里有效的导视系统设计是非常重要的。

3. 左转弯的环境行为习性

人在特定的环境里有左侧通行和左转弯的行为习性。通过观察发现，当人口密度达到一定程度的时候，人们会本能性地左侧通行。在一些公共场所也会发现，人的行为轨迹有左转弯的特点。这主要是与大多数人习惯用右手有关。所以在环境空间规划中，应该要考虑人们左转弯与左侧通行的行为习性，不要进行逆向设计。

4. 从众性和聚集性的环境行为习性

人们在环境里总是习惯于随着大流行动。所以我们可以利用人的向光性本能以及声音来指导人的环境行为。

8.1.3　环境行为内容与设计

人在环境中的行为习性所对应的是人的行为内容。我们可以把行为内容分成四个部分：次序、流动、分布和状态。

在环境当中，人的行为次序和分布模式指的是静态的分布规律和状态，也就是静态模式。而流动与状态模式描述的是人在环境中变化的状态与规律，也就是动态模式。

1. 次序模式

次序模式是一种行为状态模式。例如，人们的购物行为，当人们进入商店时，选购商品，支付现金，提取货物和退出商店，这样种行为状态就是一种次序模式，这样的次序模式是不能颠倒的。因此，人的行为在特定的环境里是按照一定的次序模式进行的。

2. 流动模式

流动模式是将人的流动行为的空间轨迹模式化，它反映了人在行为的过程中时间的变化关系。例如，观展的行为、避难的行为等。前文所提到的人的购物行为，可以根据人的流动分布状态统计出人在不同区域中的流量和停滞时间，并依此来分析该区域的商品陈列的合理性问题。当然这是从空间的角度来讨论人的流动模式。

3. 分布模式

人的行为分布模式按照时间顺序来连续观察人在环境当中的行为特征。例如，通过记录在特定单元区域里面的人数来研究人在某一时空中行为的密度，从而来确定相应的空间尺度。

4. 状态模式

人的行为内容中的第四种模式是状态模式。它用于研究人的行为动机和状态变化的因素。例如，人们去餐馆吃饭的行为动机可能是由于饿了要吃东西，也可能是由于社交活动的需要，而不同的行为目的和诱因所导致的行为表现是不一样的。饿了的情况下吃东西对于环境的要求相对要低一些。并且不同诱因下行为的迅速性也是有差异的，如购物的过程中，有些购物行为是目的明确的，而有的购物行为是随机性的，那么目的明确的购物行为状态是迅速的，而随机的购物行为状态是缓慢的。有研究表明超过70%的购物行为是随机性的，即购物中很多的消费具有临时起意的特征，从商家的角度如何抓住消费者的消费心理，对于环境行为的研究是重要的环节。

8.1.4 环境行为与空间布局

要根据人的行为习性、行为模式合理地确定行为与空间的对应关系，不同的环境行为有不同的行为方式及行为规律，也有着各自的行为流程和空间分布。设计师对于这些行为流程和空间分布加以利用，并通过其所对应的空间定位和相关设施设备的设计来引导人在环境中的行为方式。

例如，如图8-2所示，人在做饭的时候，从原料到半成品，再到原料的清洁以及做成菜肴，这个过程中所对应的行为包含剪切、清洗配菜和烧煮。而这些行为又与空间中相应的相关设施和设备所配对，如洗槽、台板以及灶台等，同时还会涉及其他相应的工具和设备，而这些外部的工具和设施设备的空间定位以及排布，都会直接影响到人们的行为方式和行为效率。所以在具体的设计中，对于行为次序的安排、流动的方式、分布的状态以及行为动机的研究是非常重要的，这些会直接影响到设计的质量，从而影响到人们工作的质量和生活的品质，因此环境的布置以及设施与设备的设计应该充分地考虑到人在环境当中的行为习性和行为内容。

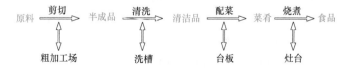

图 8-2 炊事空间与行为的关系

8.2 热环境与设计

环境中与人有密切关系的有：光环境、噪声环境、振动环境、有毒环境等，其中前三个又与设计的关联度较高，虽然有毒环境也能够在一定层面上使用设计的手段来避免其负效应，但总体而言与设计的关联度不高，所以在本书中不再单独讲解。前面已经就光与设计、噪声与设计以及振动与设计等方面进行了讲述，这一节重点讨论一些与设计有关系的热环境问题。

8.2.1 环境温度与设计

所谓的热环境是影响人体冷热感觉的各个要素构成的环境。

对于人来讲热平衡是非常重要的。人的体温一般是在 36～37℃，如果体温超过 39.5℃人们将会完全失去行动能力，当人体的温度超过 42℃那么将是致命的。人体的温度如果过低也会导致人的心脑血管发生一系列的紊乱，当人体的温度低于 25℃也是致命的。所以人在环境中，温度对于人体来说是非常重要的要素。

影响热环境条件的因素主要有四个，即空气的温度、空气的湿度、空气的流速和热辐射。这四个外在要素对于人体的热平衡会产生直接的影响，而这样的影响也就是常说的人体的热舒适性问题。人体对于热环境的感受满意度通常是主观性的评价。人的热平衡也就是人体的新陈代谢所产生的热量，与自身的蒸发、导热、对流以及辐射的失热量的代数和要保持相互平衡。

对于人体而言，热平衡是一个得热和失热的过程，如汗液蒸发是一个失热的过程，人体的得热取决于人的活动程度，另外与周边是否存在热辐射有着直接的相关性。当人所处的环境中没有明显的导热不平衡的情况，那么人的新陈代谢的产热量会与环境保持相对平衡。例如，当人们在睡觉的时候所产生的热量大约为 70～80W，此时与人的新陈代谢热量平衡的空气温度需要在 28℃左右，而当人在静坐的时候其产生的热量大概在 100～150W，空气的平衡温度大约要在 20～25℃。

1. 脑力劳动与气温

在实际环境中，除了空气的温度、空气的湿度、空气的流速以及热辐射以外，新陈代谢、着装的要素也就是衣服的热阻、个人的心理因素和感受等因素都直接影响着人的热舒适性。对于同样的热环境，不同人的热舒适性是会有差异的。实践证明，温度与人体的舒适关系乃至于工作的效率、身体健康及精神都是密切相关的。

图 8-3 所示为脑力劳动的工作效率与室内温度的关系，在过高和过低的温度下人的工作效率降低的程度较为明显。其最优的工作效率与最差的工作效率相差近 4 倍以上。

图 8-4 所示为温度对相对差错率的影响，可见温度过高和过低时，人在进行脑力劳动时的差错率较高。特别是当温度持续升高的时候，人的脑力

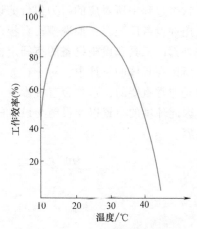

图 8-3 脑力劳动工作效率与室内温度的关系

劳动出错率会明显且快速地增高。

如图 8-5 所示为在不同的温度下人所暴露的时间长短影响人的心理健康的变化情况。当人暴露在 40℃ 的高温环境里面，暴露的时间超过 30min 以上时将会直接影响到人的精神健康，随着温度的降低，人的精神耐受时间逐渐地增加，直到 30℃ 上下时趋于平稳。当然研究者对于这个问题只是谈到了温度对精神的影响。在现实中影响到人的热舒适性和热感受的要素除了温度以外还有湿度以及个人心理要素等，即相同的温度不同的湿度可能给人带来的感受会有很大的差别。但这也足以说明温度与人的精神健康有着密切的关联度。所以在学习或工作时，保持环境的一个合适的温度是非常重要的。

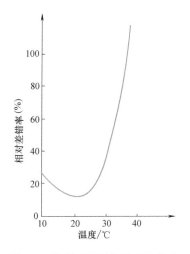

图 8-4　温度对相对差错率的影响

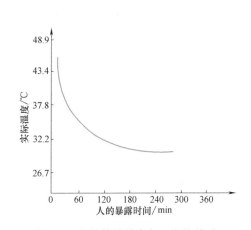

图 8-5　人的精神健康与温度的关系

2. 体力劳动与气温

温度除了与人的脑力劳动有着密切的关联度以外，与人的体力劳动也有着明确的相关性。特别是在劳动强度比较大的体力劳动里温度对于人的热舒适性的影响会更加明显。有研究发现当环境的温度超过 27~28℃ 时，人的运动神经兴奋程度、警觉力和操作的技能都会开始降低，在生产环境中这样的温度环境对于非熟练的工人的影响会更大。除了高温对体力劳动的影响比较明显以外，低温对于人的行动能力的影响也是非常明显的，人在操作过程中最敏感的部位是手指，而当手部的皮肤温度低于 16℃ 时人的操作灵活性就会明显地降低。

由图 8-6 可知，在不同的季节，不同的温度下体力劳动工人的工作效率有很大差别，在夏天温度偏高的环境中产量会明显地降低。

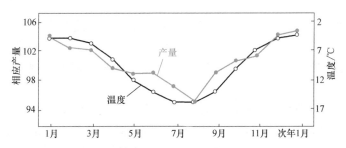

图 8-6　工厂生产效率与温度的关系（H. M. Vermon，1924）

有研究显示室内的温度应该保持在 20~24℃，这样的环境是相对最舒适和有利于生产。温度达到 35℃时，人们的工作效率仅仅是 25℃时的 50%。温度在 10℃左右时，人的工作效率只有 25℃时的 30%。

如图 8-7 所示为环境温度与生产事故发生率的关系，由图可见，当环境温度在 20℃左右时相对事故发生率是最低的。所以控制适宜的环境温度是十分重要的。

当然要注意到人对于温度感觉有很强的主观性，不同的个体，不同地区的人，在同样的温度下对于温度的感受舒适性是不一样的。例如，生活在寒带地区的人与生活在热带地区的人，他们对于同样温度的感受可能会有很大的差异性，所以在设计中需要根据特定地区来进行特定的分析和调查。

表 8-1 是一些研究人员关于上海地区工人对于不同气温下感受性的调查，可以看到当气温处在 17.6~20℃左右时，人的主观感受性是最舒适的。但是对于热带地区的人而言，其舒适感受的温度会更高一些。所以人对于温度乃至于热环境的感受性是具有很强的地域性和主观性的。

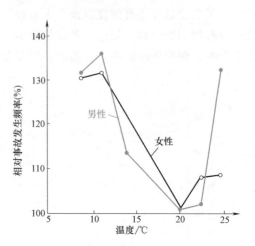

图 8-7　环境温度与生产事故发生率的关系

表 8-1　上海地区不同温度下工人的主观感受调查　　　　　　　　　　（%）

气温/℃	主观感受			气温/℃	主观感受		
	热	尚可	舒适		热	尚可	舒适
≥17.6~20.0	0	16.6	83.4	>32.5~35.0	27.5	58.2	14.3
>20.0~22.5	0	54.5	45.5	>35.0~37.5	46.3	47	6.7
>22.5~25.0	0	22.5	77.5	>37.6~40.0	55	45	0
>25.0~27.5	0	52	48	>40.0~42.5	56	44	0
>27.5~30.0	6.2	63.8	30.0	>42.5~45.0	100	0	0
>30.0~32.5	16.8	64.7	18.5				

8.2.2　影响热舒适性的其他因素

除了温度以外，相对湿度对于人体热舒适度的影响也是非常明显的。当相对湿度在 30%~70% 的范围内变化时，对人体热感觉的影响是不大的，一般来讲相对湿度在 50%~60%，人的感受性是最好的，过高或者过低的相对湿度都会对人的热舒适性产生很明显的影响。

风速对于人体热舒适性也有着明显的影响。但是需要指出的是气流增加的速度与人体散热并非是同比增加的关系。当气流的速度大于 2m/s 时，对于人体散热的变化几乎没有影响。所以在设计中，不能简单盲目地增加气流的速度来提高人的热舒适感受性。

除了温度、湿度和风速以外，热辐射对于人体的舒适性也有着明显的影响。但是热辐射是一个相对复杂的概念，它与人所处的位置、着装以及姿态都有着密切的关系。另外热辐射还具有方向性，在单向的辐射下，只有朝向辐射的一侧才能够感觉到冷或者热。那么这也提醒设计师，可以通过改善热辐射源来减小热辐射对于人的影响，从而提高人的热舒适性。

在设计实践中设计师要从多个方面来改善热环境对于人的影响。例如，对工作的流程和生产的工艺进行调整，对热源进行隔离与屏蔽，以及通过降低或提高环境中的温度和湿度，或者通过着装的防护等来达到提高人的整体热舒适性的目标，从而保护人的健康和提高工作的效率。但总的来讲热环境是一个相对复杂的、多要素相互影响的综合性问题，设计师需要将客观的温度、湿度、风的流速和热辐射与人体的新陈代谢，心理要素以及着装影响，乃至地区的差异性进行综合的分析和研究，才能够根据特定地区、特定个体和特定任务做出优秀的设计。

8.3　个人空间与设计

个人空间是围绕在人们周围的可移动的、无形的区域，它是随着人们的移动而移动的。个人空间是相对于其他人而言的，其他人进入这个区域会带来冒犯或不舒适感。所以设计中个人空间主要用来界定人们彼此之间的交往距离。依据"个人空间"的特点来指导环境空间的设计是有重要意义的。例如，人们对于公共交通，如公交车、地铁拥挤的忍耐程度就会比较高，对于餐厅拥挤的忍耐度就会相对低一些，如果邻座太近的话就会引起不安与烦恼。在教室、会议室里个人空间又会相对地比较均衡，而如果是在谈判席和法庭等相对庄重的环境里个人的空间则会很大。所以个人空间并不是一个固定不变的范围，而是根据特定条件和环境以及个人的心理状态变化而变化的。

与个人空间相对的是领地，领地是一个可见的，相对固定的，有着明显边界的空间概念，如家庭就是一个明确的领地概念。所以要注意区别个人空间与领地的不同概念。

8.3.1　个人空间范围

首先要了解个人空间的大小，人在与他人的交往中应该维持多大的个人空间，通常是由保护与交流两个功能决定的。除了保护与交流以外，特定的情境也是决定实现保护与交流功能需要多大空间的重要因素。

著名学者霍尔对个人空间的大小进行过专门的研究，他认为对于情境条件而言人们在相互交流中采用四种不同的个人空间区域，即亲密距离、个人距离、社交距离和公共距离，而采用什么样的空间区域取决于人与人之间的相互关系以及从事的活动和情境条件等。

（1）亲密距离　亲密距离是 0~45cm 范围。它是指有着亲密关系的人的接触距离。在亲密距离里能强烈地意识到对方的感官刺激，如气味、热辐射等，在这个区间里触觉替代语言作为主要的交流方式。

（2）个人距离　对于人之间保持 45~120cm 这个区间，霍尔把它认定为个人距离。它是好友和熟人之间的接触与日常交往距离。在这个区间交流更多的方式是语言和非接触的肢体交流等，也包括视线的交流。

（3）社交距离　在 1.2~4m 的这个区间里霍尔把它称之为社交距离，如公共性的接触，在这个区间里来自对方的感官性的接触是比较少的，而通过视觉通道提供的信息也不如个人距离那样多和详细，在社交距离里主要是通过声音来进行相互交流。

（4）公共距离　霍尔把大于社交距离的区间称之为公共距离。公共距离通常是个体与公众之间的正式性的接触范围。例如，演员的表演、政治家的演讲等都属于公共距离范围。这个区域里没有来自对方的感官接触信息，人们通过语言的交流以及夸张的行为等方式来进行交流，因此在这个区域里基本上很难有细微和细致的信息交流。

霍尔对于四种不同个人空间的划分虽然都给出了比较具体的依据和尺寸（表8-2），但是在实际情况下，个人的差异、行为的不同，如不同民族的文化差异性对于空间行为而言有着巨大的不同。

表8-2　霍尔的个人空间区：人际关系类型和进行的活动以及感官特性

距离类型	适合的关系和活动	感官特性
亲密距离 （0~45cm）	亲密接触（如抚慰） 体育运动（如摔跤）	强烈意识到来自对方的感官袭击（如气味、热辐射），触觉代替语言作为主要的交流模式
个人距离 （45cm~1.2m）	好友之间的接触，熟人之间的日常交往	比亲密距离更少意识到来自对方的感官刺激；频繁的视线交流；交流更多地通过语言而非触觉实现
社交距离 （1.2~4m）	非个人的和公务性的接触	来自对方的感官刺激极少；视觉通道提供的信息不如个人距离情况下那样详细；正常的声音水平（在6m处可听到）；不可能碰触
公众距离（4m以上）	个体和公众之间的正式接触（如演员、政治家）	没有来自对方的感官刺激；没有细节的视觉输入；夸张的非语言行为用于补充语言交流；因为在此距离上看不清细微的表情变化

8.3.2　影响个人空间距离的因素

霍尔还认为文化的差异归因于不同社会的规范，而这些社会规范规定了人们在交际过程当中采用什么样的感觉通道交流，也有学者对霍尔的研究进行了证实。例如，来自于习惯身体靠近文化的人与来自于习惯保持距离文化的人，当他们在同等距离交流时，可能后者会后退以保持一个更舒适的交往距离，这是不同文化的人在交往过程中由于个人空间距离习惯的不同而形成的尴尬局面。霍尔认为西班牙、地中海以及阿拉伯的文化等就属于肢体接触比较频繁的文化，这些地方的人会更多地使用嗅觉和触觉等感官交流形式。所以人们的交往距离就会相对近一些，而北欧与北美国家的人相对是更保守的、非身体接触的文化，所以他们的人际交往距离要更大一些。所以在实现个人空间的保护与交流功能时，来自于不同文化背景的群体可能有着不同需要的交往距离。可见文化的因素对于个人距离的影响也是很大的。

除了文化因素以外，影响个人空间的因素还有其他几个方面。比如个人自身的因素，例如性别的因素，对于同性而言女性之间就要比男性之间维持更近的个人距离。

还有年龄的因素，个人空间一般从4~5岁发展起来并随着年龄的增大而不断变化。

图8-8所示为通过调查绘制的学龄阶段男生之间和女生之间的平均距离，可见年龄越大，无论是男生还是女生的人际距离都在不断地增加。同时男生的人际距离普遍要大于女生之间的人际距离。

对于人而言，除了文化、年龄和性别等决定着个人空间大小以外，人格因素也会影响到个人空间的大小。人格代表一个人看待事物的方式，还反映了个人学习和生活的经历。例如，内控性人格的人和外控性人格的人，他们对于个人空间大小的偏好就有不同，内控性人格的人倾向于认为成败是掌握在自己手中的，而外控性人格的人认为成败是由外部因素决定的。研究者发现，外控性人格的人要比内控性人格的人期望与陌生人维持相对更大的距离。基于过去的经验而导致认为事件是由自己控制的内控性人格的人，他们与陌生人在近距离相处的时候会感觉到相对更加安全。所以有研究者认为内控性人格的人相对来讲对于个人距离的要求会更小一些。

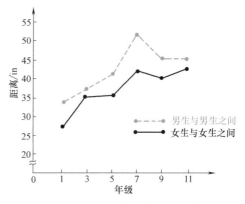

图 8-8 学龄阶段男生之间和女生之间的平均
交往距离

注：lin = 0.0254m

除此以外，个人因素对于个人空间的大小和人际距离也有影响。例如，焦虑的人对个人空间距离的要求相对更大。

除了因人而异以外而且还因景不同，即环境的不同也会导致个人空间距离的不同。如前面所讲的车厢里面和餐厅里面的人们对于个人空间大小的接受程度就有差异。而这种差异对人们交流目标是有影响的。例如，在学习的环境中，如果老师与学生保持相对较近的交往距离，学生会普遍表现得更好一些。在很多需要协作的工作，合适的个人空间与距离有助于提高工作效率。

个人空间的大小还会因事和因时而变化。所谓"因事"也就是说在不同的场合下，人们需要的个人空间也不同。例如，在洽谈、接待与买卖中，为了避免冲突就需要一个更大的个人空间，而熟人之间的聊天和交流则相对需要一个更小的个人空间。而"因时"也就是说在不同的人文社会环境下，人们的个人空间也是不一样的。当社会环境比较和睦时，人们的个人空间就会相对较小，反之则相对较大。

8.3.3 个人空间的作用

总而言之，个人空间有着两种作用：

1）让人与人之间、人与空间和环境之间的相互关系得以分开，也就是保持各自的完整性。这种保持各自完整性的作用也可以称为身体的缓冲区。这对于研究空间中人的行为特征是非常重要的。

2）从信息论的角度出发，个人空间使人们之间的信息交流处于一个相对最佳的状态。

不同的交流目的，对应恰当的交流距离才能更好地实现人际交流。朋友之间的交流，同事之间的交流，师生之间的交流，公众人物与个人之间的交流，他们都应该有着不同的个人空间距离，只有遵循恰当的个人空间距离才能使信息交流更加顺畅。

由此可见，个人空间和人际距离对于设计而言，特别是在特定环境中（如工作环境、学习环境、生产环境等人与人之间交流比较多的环境）的布局与设计中起着非常重要的指导性作用。这一节对于个人空间的特点以及与设计的关系进行了概述，在设计中要因人、因景、因事、因时来具体地分析，只有这样才能做出更优秀的设计方案。

参 考 文 献

[1]   BRIDGER R. Introduction to ergonomics ［M］. 3rd ed. Boca Raton：CRC Press，2008.

[2]   KROEMER K H E. Fitting the human：Introduction to ergonomics ［M］. Boca Raton：CRC Press，2008.

[3]   CORLETT N E，WILSON J R，NIGEL C. Evaluation of human work ［M］. 2nd ed. Boca Raton：CRC Press，1995.

[4]   PORTER J，MARK M F，KEITH C，et al. Computer aided ergonomics and workspace design ［M］. Abingdon：Taylor & Francis，1995.

[5]   HELANDER M. A guide to human factors and ergonomics ［M］. 2nd ed. Boca Raton：CRC Press，2005.

[6]   International Ergonomics Association. Ergonomic checkpoints：Practical and easy-to-implement solutions for improving safety， health and working conditions ［M］. Geneva：International Labour Organization，1996.

[7]   DUL J，BERNARD W. Ergonomics for beginners：A quick reference guide ［M］. Boca Raton：CRC Press，2003.

[8]   WILSON J R，NIGEL C. Evaluation of human work ［M］. Boca Raton：CRC Press，2005.

[9]   GRANDJEAN E，KARL H K. Fitting the task to the human：A textbook of occupational ergonomics ［M］. Boca Raton： CRC Press，1997.

[10]   STANTON N A，ALAN H，KAREL B，et al. Handbook of human factors and ergonomics methods ［M］. Boca Raton： CRC Press，2004.

[11]   丁玉兰. 人机工程学 ［M］. 4 版. 北京：北京理工大学出版社，2011.

[12]   张玉明，周长亮，王洪书，等. 环境行为与人体工程学 ［M］北京：中国电力出版社，2011.

[13]   王熙元. 环境设计人机工程学 ［M］上海：东华大学出版社，2010.

[14]   西蒙兹. 景观设计学：场地规划与设计手册 ［M］. 3 版. 俞孔坚，等译. 北京：中国建筑工业出版社，2000.

[15]   贝尔，格林. 环境心理学 ［M］. 5 版. 宋建军，等译. 北京：中国人民大学出版社，2009.

[16]   李道增. 环境行为学概论 ［M］. 北京：清华大学出版社，1999.

[17]   刘盛璜. 人体工程学与室内设计 ［M］. 2 版. 北京：中国建筑工业出版社，2004.

[18]   张力，廖可兵. 安全人机工程学 ［M］. 北京：中国劳动社会保障出版社，2007.

[19]   毛恩荣，张红，宋正河. 车辆人机工程学 ［M］. 2 版. 北京：北京理工大学出版社，2007.

[20]   俞孔坚. 定位当代景观设计学：生存的艺术 ［M］北京：中国建筑工业出版社，2006.

[21]   胡正凡，林玉莲. 环境心理学 ［M］. 3 版. 北京：中国建筑工业出版社，2012.

[22]   席焕久，陈昭. 人体测量方法 ［M］. 2 版. 北京：科学出版社，2010.

[23]   戴红. 人体运动学 ［M］. 北京：人民卫生出版社，2008.

[24]   威肯斯，刘乙力，等. 人因工程学导论 ［M］. 上海：华东师范大学出版社，2007.

[25]   赖朝安. 工作研究与人因工程 ［M］. 北京：清华大学出版社，2012.

[26]   孙林岩. 人因工程 ［M］. 2 版. 北京：中国科学技术出版社，2005.

[27]   李乐山. 人机界面设计：实践篇 ［M］. 北京：科学出版社，2009.

[28]   李乐山. 人机界面设计 ［M］. 北京：科学出版社，2009.

[29]   全国人类工效学标准化技术委员会. 光环境评价方法：GB/T 12454—2017 ［S］北京：中国标准出版社，2017.

[30]   全国人类工效学标准化技术委员会. 控制中心的人类工效学设计　第 3 部分：控制室的布局：GB/T 221883—2010 ［S］. 北京：中国标准出版社，2011.

[31]   British Standards Institution. Ergonomic design of control centres—Part 5：Displays and controls：BS EN ISO 11064-5： 2008 ［S/OL］. ［2017-8-9］. https：//www. doc88. com/p-0893595681840. html.

[32]   全国人类工效学标准化技术委员会. 工作系统设计的人类工效学原则：GB/T 16251—2008 ［S］. 北京：中国标准 出版社，2008.

[33]   全国人类工效学标准化技术委员会. 人类工效学　公共场所和工作区域的险情信号　险情听觉信号：GB/T 1251.1—2008 ［S］. 北京：中国标准出版社，2008.

[34]   全国人类工效学标准化技术委员会. 视觉工效学原则　室内工作场所照明：GB/T 13379—2008 ［S］. 中国标准出 版社，2008.

[35]   Association Francaise de Normalisation. Ergonomics of the thermal environment—Evaluation of the thermal environment in vehicles—Part 3：evaluation of thermal comfort using human subjects：NF X35-114-3：2006 ［S/OL］. ［2017-8-9］. ht- tp：//www2. infoeach. com/item-155321. html.

[36]   全国人类工效学标准化技术委员会. 以人为中心的交互系统设计过程：GB/T 18976—2003 ［S］. 北京：中国标准 出版社，2003.

[37]   International Organization for Standardization. Ergonomics of human-system interaction—Usability methods supporting hu-

man-centred design：ISO/TR 16982：2002 ［S/OL］. ［2017-8-9］. http：//www. zbgb. org/74/StandardDetail654960. htm.

［38］ Deutsche Norm. Ergonomische Gestaltung von Leitzentralen—Teil 2：Grundsätze für die Anordnung von Warten mit Nebenräumen：DIN EN ISO 11064-2：2001 ［S/OL］. ［2017-8-9］. http：//www. doc88. com/p-9119626057677. html.

［39］ Deutsche Norm. Ergonomische Gestaltung von Leitzentralen—Teil 1：Grundsätze für die Gestaltung von Leitzentralen：DIN EN ISO 11064-1：2001 ［S/OL］. ［2017-8-9］. http：//www. doc88. com/p-9883525741514. html.

［40］ 全国人类工效学标准化技术委员会. 与心理负荷相关的工效学原则 第 2 部分：设计原则：GB/T 15241. 2—1999 ［S］. 北京：中国标准出版社，1999.

［41］ 全国人类工效学标准化技术委员会. 人类工效学 险情视觉信号 一般要求、设计和检验：GB 1251. 2—2006 ［S］. 北京：中国标准出版社，2007.

［42］ 全国人类工效学标准化技术委员会. 成年人手部号型：GB/T 16252—1996 ［S］. 北京：中国标准出版社，1996.

［43］ 全国人类工效学标准化技术委员会. 人类工效学 工作岗位尺寸 设计原则及其数值：GB/T 14776—1993 ［S］. 北京：中国标准出版社，1993.

［44］ 全国人类工效学标准化技术委员会. 操纵器一般人类工效学要求：GB/T 14775—1993 ［S］. 北京：中国标准出版社，1993.

［45］ 全国人类工效学标准化技术委员会. 工作座椅一般人类工效学要求：GB/T 14774—1993 ［S］. 北京：中国标准出版社，1993.

［46］ 国家质量监督检疫总局. 工作空间人体尺寸：GB/T 13547—1992 ［S］. 北京：中国标准出版社，1992.

［47］ 国家质量监督检疫总局. 中国成年人人体尺寸：GB/T 10000—1988 ［S］. 北京：中国标准出版社，1988.

［48］ SALVENDY G. Handbook of human factors and ergonomics ［M］. Hoboken：John Wiley & Sons，2012.

［49］ SANDERS M S，ERNEST J M. Human factors in engineering and design ［M］. New York：McGraw-Hill，1998.

［50］ JORDAN P W. Designing pleasurable products：An introduction to the new human factors ［M］. Boca Raton：CRC Press，2003.

［51］ CZAJA S J，WENDY A R，ARTHUR D F，et al. Designing for older adults：Principles and creative human factors approaches ［M］. Boca Raton：CRC Press，2009.

［52］ BRAUN M，STEFANI O，PROSS A，et al. International conference on ergonomics and health aspects of work with computers ［C］. San Diego：Springer-Verlag，2009.

［53］ STANTON N A，PAUL M S，LAURA A R，et al. Human factors methods：A practical guide for engineering and design ［M］. Boca Raton：CRC Press，2017.

［54］ STEDMON A W. Human factors methods a practical guide for engineering and design ［J］. Ergonomics，2014，57（11）：1767-1769.

［55］ SHNEIDERMAN B. Software psychology：Human factors in computer and information systems ［M］. Cambridge：Winthrop Publishers，1980.

［56］ 董士海，王坚，戴国忠. 人机交互和多通道用户界面 ［M］. 北京：科学出版社，1999.

［57］ 王继成. 产品设计中的人机工程学 ［M］. 北京：化学工业出版社，2011.

［58］ 程景云. 人机界面设计与开发工具 ［M］. 北京：电子工业出版社，1994.

［59］ 杨明朗，王红. 人机交互界面设计中的感性分析 ［J］. 包装工程，2007，28（11）：11-13.

［60］ 董建明，傅利民，饶培伦. 人机交互：以用户为中心的设计和评估 ［M］. 北京：清华大学出版社，2016.

［61］ 郑午. 人因工程设计 ［M］. 北京：化学工业出版社，2006.

［62］ 郭伏，孙永丽，叶秋红. 国内外人因工程学研究的比较分析 ［J］. 工业工程与管理，2007，12（6）：118-122.

［63］ 伽略特，范晓燕. 用户体验要素：以用户为中心的产品设计 ［M］. 北京：机械工业出版社，2011.

［64］ 周美玉. 工业设计应用人类工程学 ［M］. 北京：中国轻工业出版社，2001.

［65］ 简召全，冯明. 工业设计方法学 ［M］. 2 版. 北京：北京理工大学出版社，2000.

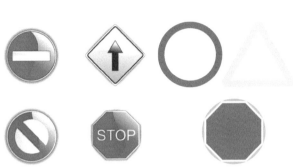

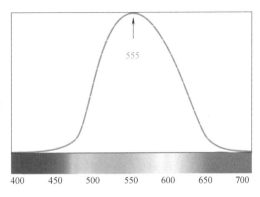

图 4-21　交通指示牌设计　　图 4-25　交通符号设计　　图 5-3　人眼白天对光的感受曲线（单位：nm）

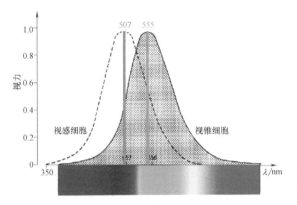

图 5-6　视杆细胞与视锥细胞对光感的光谱灵敏度范围

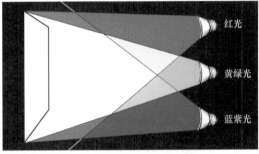

图 5-15　红光、绿光、蓝光的混合

图 5-25　交通标示

图 5-26　对象与背景的色彩搭配及辨识度比较

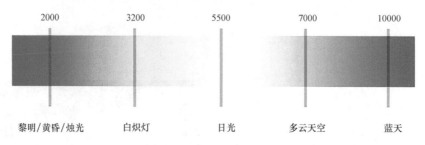

图 5-35　色温（单位：K）

图 5-43　汽车仪表盘设计

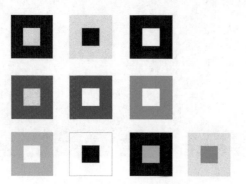

图 5-45　清晰的配色效果